上海市住房和城乡建设管理委员会

上海市安装工程概算定额

第四册　消防工程

SH 02—21(04)—2020

同济大学出版社

2021　上　海

图书在版编目(CIP)数据

上海市安装工程概算定额.第四册，消防工程 SH 02—21(04)—2020 / 上海市建筑建材业市场管理总站主编. --上海：同济大学出版社，2021.4

ISBN 978-7-5608-9843-8

Ⅰ.①上… Ⅱ.①上… Ⅲ.①建筑安装—建筑概算定额—上海②消防设备—设备安装—建筑概算定额—上海 Ⅳ.①TU723.34

中国版本图书馆 CIP 数据核字(2021)第 049287 号

上海市安装工程概算定额　第四册　消防工程　SH 02—21(04)—2020

上海市建筑建材业市场管理总站　主编

责任编辑 朱　勇　**责任校对** 徐春莲　**封面设计** 陈益平

出版发行　同济大学出版社　www.tongjipress.com.cn
(地址：上海市四平路 1239 号　邮编：200092　电话：021-65985622)

经　　销　全国各地新华书店

印　　刷　常熟市大宏印刷有限公司

开　　本　890mm×1240mm　1 / 16

印　　张　5.25

字　　数　168 000

版　　次　2021 年 4 月第 1 版　2021 年 4 月第 1 次印刷

书　　号　ISBN 978-7-5608-9843-8

定　　价　58.00 元

上海市建设工程概算定额修编委员会

主　　任：黄永平

副 主 任：裴　晓　王扣柱　董爱华　周建国　顾晓君　姜执伟

委　　员：陈　雷　马　燕　金宏松　杨文悦　方　琪　孙晓东
苏耀军　应敏伟　杨志杰　汪结春　干　斌　徐　忠

上海市建设工程概算定额修编工作组

组　　长：马　燕

副 组 长：方　琪　孙晓东　涂荣秀　许倩华　应敏伟　曹虹宇
夏　杰　莫　非　汪崇庆

组　　员：朱　迪　蒋宏彦　程德慧　汪一江　田洁莹　彭　磊
张　竹　康元鸣　黄　英　辛　隽　乐　翔　张红梅

上海市安装工程概算定额

主 编 单 位： 上海市建筑建材业市场管理总站

参 编 单 位： 上海鑫元建设工程咨询有限公司

主要编制人员： 蒋宏彦　汪一江　杨秋萍　乐嘉栋　徐　俊　陈霞娟
柳　欣　茹少勇　黄　芳　高淑玲　顾　捷　周　隽
李　颖　顾慧莹　吴舜伟　庄文浩　杨俊毅　汤励能
高玲玲　肖　娴　陈宏聪

审 查 专 家： 冯　闻　朱振宇　祝金阳　侯立新　王大春　朱钢敏
左琦炜　戴元夏　俞　洋　薛贵喜　吕　俭　杨伟鸣

上海市住房和城乡建设管理委员会文件

沪建标定〔2020〕795 号

上海市住房和城乡建设管理委员会
关于批准发布《上海市建筑和装饰工程概算定额（SH 01—21—2020）》《上海市市政工程概算定额（SH A1—21—2020）》等 4 本工程概算定额的通知

各有关单位：

为进一步完善本市建设工程计价依据，满足工程建设全生命周期的计价需求，根据《上海市建设工程定额体系表 2018》及《2017 年度上海市建设工程及城市基础设施养护维修定额编制计划》，《上海市建筑和装饰工程概算定额（SH 01—21—2020）》《上海市市政工程概算定额（SH A1—21—2020）》《上海市安装工程概算定额（SH 02—21—2020）》《上海市燃气管道工程概算定额（SH A6—21—2020）》（以下简称“新定额”）等 4 本工程概算定额编制完成并经有关部门会审，现予以发布，自 2021 年 5 月 1 日起实施。

原《上海市建筑和装饰工程概算定额（2010）》《上海市建筑和装饰工程概算定额（2010）装配式建筑补充定额》《上海市市政工程概算定额（2010）》《上海市安装工程概算定额（2010）》及《上海市公用管线工程概算定额（2010）》（燃气管线工程）同时废止。

本次发布的新定额由市住房城乡建设管理委负责管理，由上海市建筑建材业市场管理总站负责组织实施和解释。

特此通知。

上海市住房和城乡建设管理委员会

二〇二〇年十二月三十一日

总　说　明

一、《上海市安装工程概算定额》(以下简称本定额),包括电气设备安装工程,建筑智能化工程,通风空调工程,消防工程,给排水、采暖、燃气及工业管道工程,共五册。

二、本定额适用于本市行政区域范围内新建、改建、扩建的安装工程。

三、采用本定额进行概算编制的应遵循定额中定额编号、工程量计算规则、项目划分及计量单位。

四、本定额是编制设计概算(书)的参考依据,是进行项目建设投资评审、设计方案比选的参考依据,是编制估算指标的基础。

五、本定额以国家和本市现行建设工程强制性标准、推荐性标准、设计规范、标准图集、施工验收规范、技术操作规程、质量评定标准,产品标准和安全操作规程为依据编制,并参考了国家和本市行业标准,以及典型工程案例,具有代表性的工程设计、施工和其他资料。

六、本定额综合了本市安装工程预算定额的内容和含量,包括了安装工程的工料机消耗量,其他相关费用应依据国家和本市现行取费规定计算。

七、本定额主要是在《上海市安装工程预算定额(SH 02—31—2016)》基础上,以主要分项工程综合相关工序的综合定额,即按主要分项工程规定的计量单位、计算规则及综合相关工序的预算定额计算而得的人工、材料及制品、机械台班的消耗标准,体现了上海地区社会平均水平。

八、本定额中材料与机械消耗量均以主要工序用量为准。难以计量的零星材料与机械列入其他材料费或其他机械费中,以该项目材料或机械之和的百分率表示。

九、本定额所采用的材料(包括构配件、零件、半成品及成品)均为符合质量标准和设计要求的合格产品;若品种、规格、型号、强度等级与设计不符时,可按各章节规定调整。定额未注明材料规格、强度等级的应按设计要求选用。

十、本定额中的工作内容已说明了主要的施工工序,次要工序虽未说明,但均已包括在内。

十一、本定额与《上海市安装工程预算定额(SH 02—31—2016)》配套使用,在应用中有缺项的定额,可执行预算定额相应项目,或按设计需要,遵循编制原则进行补充与调整。

十二、关于水平和垂直运输:

(一) 工程设备:包括自安装现场指定堆放地点运至安装地点的水平和垂直运输。

(二) 材料、成品、半成品:包括施工单位现场仓库或现场指定堆放地点运至安装地点的水平和垂直运输。

(三) 垂直运输基准面:室内以室内地平面为基准面,室外以安装现场地平面为基准面。

(四) 安装操作物高度距离标准以各分册定额为依据。

十三、本定额中材料栏内带“(　　)”表示主材。

十四、本定额注有“××以内”或“××以下”者,均包括××本身;“××以外”或“××以上”者,则不包括××本身。

十五、凡本说明未尽事宜,详见各章节说明和附录。

上海市安装工程概算定额费用计算说明

一、直接费

直接费是施工过程中耗费的构成工程实体和部分有助于工程形成的各项费用[包括人工费、材料费、施工机械(机具)使用费和零星工程费]。直接费中不包含增值税可抵扣进项税额。

1. 人工费

人工费是指支付给直接从事建筑安装工程施工作业的生产工人的各项费用。

2. 材料费

材料费是指工程施工过程中耗费的各种原材料、半成品、构配件等的费用,以及周转材料等的摊销、租赁费用。

3. 施工机械(机具)使用费

施工机具(机械)使用费是指工程施工作业所发生的施工机具(机械)、仪器仪表使用费或其租赁费。

4. 零星工程费

零星工程费是指设计图纸未反映,定额直接费计算中未包括,可能发生的其他构成工程实体的费用。零星工程费是以直接费为基数,乘以相应的费率计算。

二、企业管理费和利润

1. 企业管理费

企业管理费是指施工单位为组织施工生产和经营管理所发生的费用。企业管理费不包含增值税可抵扣进项税额。

2. 利润

利润是指施工单位从事建筑安装工程施工所获得的盈利。

企业管理费和利润是以直接费中的人工费为基数,乘以相应的费率计算。

三、安全文明施工费

安全文明施工费是指在工程项目施工期间,施工单位为保证安全施工、文明施工和保护现场内外环境等所发生的措施项目费用。安全文明施工费中不包含增值税可抵扣进项税额。

安全文明施工费是以直接费与企业管理费和利润之和为基数,乘以相应的费率计算。

四、施工措施费

施工措施费是指为完成工程项目施工,发生于该工程施工前和施工过程中,非工程实体项目的费用。施工措施费中不包含增值税可抵扣进项税额。

施工措施费是以直接费与企业管理费和利润之和为基数,乘以相应的费率计算。

五、规费

规费是指按国家法律、法规规定,由上海市政府和上海市有关权力部门规定施工单位必须缴纳,应计入建筑安装工程造价的费用。主要包括:社会保险费(养老、失业、医疗、生育和工伤保险费)和住房公积金。

规费是以直接费中的人工费为基数,乘以相应的费率计算。

六、增值税

增值税即为当期销项税额。

当期销项税额是以税前工程造价为基数,乘以增值税税率计算。

七、上海市安装工程概算费用计算顺序表

上海市安装工程概算费用计算顺序表

序号	项目		计算式	备注
一	直接费	工、料、机费	按概算定额子目规定计算	包括说明
二		零星工程费	(一)×费率	
三		其中:人工费	概算定额人工费+零星工程人工费	零星工程人工费按零星工程费的20%计算
四	企业管理费和利润		(三)×费率	
五	安全文明施工费		[(一)+(二)+(四)]×费率	
六	施工措施费		[(一)+(二)+(四)]×费率(或按拟建工程计取)	
七	小计		(一)+(二)+(四)+(五)+(六)	
八	规费	社会保险费	(三)×费率	
九		住房公积金	(三)×费率	
十	增值税		[(七)+(八)+(九)]×增值税税率	
十一	安装工程费		(七)+(八)+(九)+(十)	

册 说 明

一、本册定额包括水灭火系统、气体灭火系统、火灾自动报警系统、消防系统调试，共四章。

二、本册定额不包括以下工作内容：

（一）阀门、气压罐及消防水箱安装，执行第五册《给排水、采暖、燃气及工业管道工程》相关定额项目。

（二）不锈钢管、铜管管道安装，执行第五册《给排水、采暖、燃气及工业管道工程》第一章工业管道安装工程相关定额项目。

（三）电缆敷设、桥架安装、防雷接地装置等安装，执行第一册《电气设备安装工程》相关定额项目。

（四）设备及管道绝热工程，执行第五册《给排水、采暖、燃气及工业管道工程》相关定额项目。

三、关于下列各项费用调整系数的规定：

（一）脚手架搭拆费按定额人工的5%计算，其中人工占35%。

（二）工程超高费（即操作高度增加费）：按操作物高度离楼地面5m为限，超过5m时，超过部分工程量按定额人工乘以下表系数。工程超高费全部为人工费用。

操作物高度	≤10m	≤30m
系数	1.1	1.2

（三）高层建筑增加费：高层建筑（指高度在6层或20m以上的工业和民用建筑）增加的费用按下表分别计取。

建筑层数(≤层)	12	18	24	30	36	42	48	54	60
按人工(%)	2	5	9	14	20	26	32	38	44

高层建筑增加费中，其中的65%为人工降效，其余为机械降效。

四、工程界面划分：

（一）消防系统室内外管道：以建筑物外墙皮1.5m为界，入口处设阀门者以阀门为界；室外埋地管道执行第五册《给排水、采暖、燃气及工业管道工程》相关定额项目。

（二）厂区范围内的装置、站、罐区的架空消防管道执行本册定额相应子目。

（三）与市政给水管道界限：以与市政给水管道碰头点（井）为界。

目　　录

第一章　水灭火系统

说 明

一、本章包括水喷淋钢管、消火栓钢管、报警装置、水流指示器、消防水泵、减压孔板、末端试水装置、室内消火栓、室外消火栓、消防水泵接合器、灭火器、消防水炮。

二、本章适用于一般工业和民用建(构)筑物设置的水灭火系统的管道、各种组件、消火栓、消防水炮等安装。

三、喷淋配管,区分单喷淋头和上下喷淋头组,分别套用相应定额项目。工作内容包括喷淋头、管道及管件的安装,支架及一般钢套管的制作安装,管道水压试验及水冲洗,管道及支架刷油。适用于水喷淋系统管道,定额已综合镀锌钢管(螺纹连接)和钢管(沟槽连接)定额项目。

四、消火栓钢管,工作内容包括管道及管件安装,支架及一般钢套管制作安装,管道水压试验及水冲洗,管道及支架刷油。适用于消火栓系统干管和立管,分镀锌钢管(螺纹连接)和钢管(沟槽连接)两种形式。

五、室内消火栓安装定额已综合了1.5 m支管安装,支管长度大于1.5 m,其超过部分计入干管。

六、室外水灭火系统管道应执行本定额第五册《给排水、采暖、燃气及工业管道工程》相应定额子目。

七、若设计或规范要求钢管需要镀锌,其镀锌费用及场外运输费用另行计算。

八、隔膜式气压水罐安装,应执行本定额第五册《给排水、采暖、燃气及工业管道工程》相应定额子目。

九、消防水泵安装定额内容包含与设备连接的阀门、过滤器、软接头、压力表、法兰、电动机检查接线、减震台座、地脚螺栓灌浆等安装,相关附件规格、数量与设计不同时,主材可按实调整,其余不变。除另有说明外,均不包括与设备外接的第一片法兰或第一个连接口以外的管道安装工程量,应另行计算。

十、本章不包括消防系统调试配合费用。若发生,执行本册定额第四章相关定额项目。

工程量计算规则

一、喷淋配管区分单喷淋头和上下喷淋头组,按设计图示分别计算单喷淋头和上下喷淋头组数量,以“套”和“组”为计量单位。

二、消火栓管道安装区分镀锌钢管(螺纹连接)和钢管(沟槽连接),按设计图示管道中心线长度计算,以“m”为计量单位。不扣除阀门、管件及各种组件所占长度。

三、水流指示器、减压孔板按设计图示数量计算,以“个”为计量单位。

四、报警装置、末端试水装置按设计图示数量计算,按成套产品以“组”为计量单位。

五、消防水泵区分流量,按设计图示数量计算,以“台”为计量单位。

六、室内消火栓、室外消火栓、消防水泵接合器按设计图示数量计算,按成套产品以“套”为计量单位。

七、灭火器按设计图示数量计算,以“具”为计量单位。

八、消防水炮按设计图示数量计算,以“台”为计量单位。

第一节　定额消耗量

一、水喷淋钢管

工作内容：喷淋头安装，管道及管件安装，支架制作安装，一般钢套管制作安装，管道水压试验及水冲洗，管道及支架刷油。

定额编号				B-4-1-1	B-4-1-2
项目				喷淋配管	
				单喷淋头	上下喷淋头组
名称			单位	套	组
人工	00050101	综合人工 安装	工日	1.1845	1.3807
材料	Z23210105	消防喷头 DN32	个	(1.0100)	(2.0200)
	Z23451801	消防喷头装饰盘	个	(1.0100)	(2.0200)
	Z17030101-3	镀锌焊接钢管 DN25	m	(1.3969)	(1.4070)
	Z17030101-4	镀锌焊接钢管 DN32	m	(0.8040)	(1.0251)
	Z17030101-5	镀锌焊接钢管 DN40	m	(0.3015)	(0.4020)
	Z17030101-6	镀锌焊接钢管 DN50	m	(0.2713)	(0.2412)
	Z17030101-7	镀锌焊接钢管 DN65	m	(0.1890)	(0.0597)
	Z17010103-17	焊接钢管 DN80	m	(0.2030)	(0.2030)
	Z17010103-14	焊接钢管 DN100	m	(0.3553)	(0.3553)
	Z17010103-15	焊接钢管 DN150	m	(0.3131)	(0.3131)
	Z17010103-7	焊接钢管 DN200	m	(0.0202)	(0.0202)
	01010421	热轧光圆钢筋(HPB300) ϕ8～14	kg	0.0158	0.0158
	01150103	热轧型钢 综合	kg	1.4098	1.6748
	01290318	热轧钢板(中厚板) δ8～20	kg	0.1446	0.1529
	01290319	热轧钢板(中厚板) δ11～20	kg	0.0757	0.0757
	02130311	聚四氟乙烯带(生料带) 宽度 20	m	1.5800	3.1600
	02290801	油麻	kg	0.2194	0.2194
	03014692	精制六角螺栓连母垫(包括弹簧垫) M12×14～75	10套	0.0287	0.0341
	03018174	膨胀螺栓(钢制) M12	套	0.0464	0.0552
	03110212	尼龙砂轮片 ϕ100	片	0.0011	0.0013
	03110215	尼龙砂轮片 ϕ400	片	0.0757	0.1047
	03130101	电焊条	kg	0.0500	0.0594
	03130114	电焊条 J422 ϕ3.2	kg	0.0029	0.0029
	03210211	硬质合金冲击钻头 ϕ14～16	根	0.0090	0.0107
	13010115	酚醛调和漆	kg	0.1704	0.1742
	13050201	铅油	kg	0.0295	0.0294
	13050511	醇酸防锈漆 C53-1	kg	0.0281	0.0333

（续表）

定额编号				B-4-1-1	B-4-1-2
项目				喷淋配管	
				单喷淋头	上下喷淋头组
名称			单位	套	组
材料	13056131	酚醛防锈漆	kg	0.0037	0.0037
	13090101	银粉漆	kg	0.0068	0.0071
	13350901	密封油膏	kg	0.0258	0.0258
	14030101	汽油	kg	0.0009	0.0009
	14050121	油漆溶剂油	kg	0.0069	0.0072
	14070101	机油	kg	0.0050	0.0056
	14070201	润滑油	kg	0.0054	0.0054
	14390101	氧气	m^3	0.0429	0.0493
	14390302	乙炔气	kg	0.0146	0.0167
	17010146	焊接钢管 DN150	m	0.0318	0.0318
	18031801-2	钢管沟槽管件 DN80	个	0.1487	0.1487
	18031801-3	钢管沟槽管件 DN100	个	0.1829	0.1829
	18031801-5	钢管沟槽管件 DN150	个	0.1085	0.1085
	18031801-6	钢管沟槽管件 DN200	个	0.0070	0.007
	18031951-2	沟槽直接头 DN80	个	0.0333	0.0333
	18031951-3	沟槽直接头 DN100	个	0.0583	0.0583
	18031951-5	沟槽直接头 DN150	个	0.0517	0.0517
	18031951-6	沟槽直接头 DN200	个	0.0033	0.0033
	18034701-3	镀锌钢管接头 DN25	个	0.8201	0.8260
	18034701-4	镀锌钢管接头 DN32	个	0.5496	0.7007
	18034701-5	镀锌钢管接头 DN40	个	0.2583	0.3444
	18034701-6	镀锌钢管接头 DN50	个	0.2182	0.1939
	18034701-7	镀锌钢管接头 DN65	个	0.1436	0.0454
	18035411	镀锌异径外接头 DN40×32	个	1.0100	2.0200
	18035916	镀锌弯头 DN32	个	2.0200	4.0400
	18151614	镀锌管堵 DN32	个	0.2000	0.4000
	24110111	压力表 0～1.6MPa	套	0.0080	0.0083
	34090311	破布	kg	0.0006	0.0006
	34091101	钢丝刷	把	0.0006	0.0006
	34110101	水	m^3	0.2285	0.2340
	X0045	其他材料费	%	3.7100	3.7500
	99190750	管子切断套丝机 ϕ159	台班	0.0706	0.0895
	99191380	滚槽机	台班	0.0089	0.0089
	99230170	砂轮切割机 ϕ400	台班	0.0046	0.0053
	99250005	电焊机	台班	0.0151	0.0177
	99270060	电焊条烘干箱 600×500×750	台班	0.0014	0.0016
	99440460	试压泵 25MPa	台班	0.0066	0.0069

二、消火栓钢管

工作内容：管道及管件安装，支架制作安装，一般钢套管制作安装，管道水压试验及水冲洗，管道及支架刷油。

定额编号				B-4-1-3	B-4-1-4	B-4-1-5	B-4-1-6
项目				镀锌钢管(螺纹连接)			钢管(沟槽连接)
				公称直径(mm 以内)			
				65	80	100	65
名称			单位	10m	10m	10m	10m
人工	00050101	综合人工 安装	工日	3.5558	3.6034	4.0145	3.5556
材料	Z17010801	钢管	m				(10.1500)
	Z17030101	镀锌焊接钢管	m	(10.0500)	(10.0500)	(10.0500)	
	01010421	热轧光圆钢筋(HPB300) ϕ8～14	kg	0.1580	0.1580	0.1580	0.1580
	01150103	热轧型钢 综合	kg	4.4520	4.7700	5.7240	6.2540
	01290319	热轧钢板(中厚板) δ11～20	kg	0.4900	0.4900	0.4900	0.4900
	02290801	油麻	kg	0.9570	2.1150	2.1940	0.9570
	03014692	精制六角螺栓连母垫(包括弹簧垫) M12×14～75	10 套	0.0908	0.0972	0.1167	0.1275
	03018174	膨胀螺栓(钢制) M12	套	0.1467	0.1571	0.1886	0.2060
	03110212	尼龙砂轮片 ϕ100	片	0.0034	0.0036	0.0043	0.0047
	03110215	尼龙砂轮片 ϕ400	片	0.0716	0.0890	0.1002	0.3704
	03130101	电焊条	kg	0.1579	0.1692	0.2030	0.2218
	03130114	电焊条 J422 ϕ3.2	kg	0.0220	0.0250	0.0290	0.0220
	03210211	硬质合金冲击钻头 ϕ14～16	根	0.0286	0.0306	0.0367	0.0401
	13010115	酚醛调和漆	kg	0.5326	0.6179	0.7901	0.5581
	13050201	铅油	kg	0.1900	0.2000	0.2600	
	13050511	醇酸防锈漆 C53-1	kg	0.0886	0.0950	0.1139	0.1245
	13056131	酚醛防锈漆	kg	0.0260	0.0350	0.0370	0.0260
	13350901	密封油膏	kg	0.2020	0.2540	0.2580	0.2020
	14030101	汽油	kg	0.0070	0.0090	0.0090	0.0070
	14050121	油漆溶剂油	kg	0.0214	0.0246	0.0311	0.0238

（续表）

定额编号				B-4-1-3	B-4-1-4	B-4-1-5	B-4-1-6
项目				镀锌钢管（螺纹连接）			钢管（沟槽连接）
				公称直径（mm 以内）			
				65	80	100	65
名称			单位	10m	10m	10m	10m
材料	14070101	机油	kg	0.0101	0.0108	0.0130	0.0239
	14070201	润滑油	kg				0.0034
	14390101	氧气	m^3	0.1431	0.1747	0.2277	0.1865
	14390302	乙炔气	kg	0.0485	0.0592	0.0770	0.0633
	17010144	焊接钢管 DN100	m	0.3180			0.3180
	17010145	焊接钢管 DN125	m		0.3180		
	17010146	焊接钢管 DN150	m			0.3180	
	18031801-1	钢管沟槽管件 DN65	个				4.2612
	18031951-1	沟槽直接头 DN65	个				1.6670
	18034701	镀锌钢管接头 DN65	个	5.9600			
	18034701-8	镀锌钢管接头 DN80	个		4.2400		
	18034701-9	镀锌钢管接头 DN100	个			3.8700	
	24110111	压力表 0～1.6MPa	套	0.0200	0.0200	0.0200	0.0200
	34090311	破布	kg	0.0060	0.0060	0.0060	0.0060
	34091101	钢丝刷	把	0.0060	0.0060	0.0060	0.0060
	34110101	水	m^3	0.8820	0.8820	0.8820	0.8820
	X0045	其他材料费	%	3.5000	3.7200	3.7300	3.58
机械	99190750	管子切断套丝机 ϕ159	台班	0.2220	0.1890	0.1840	
	99230170	砂轮切割机 ϕ400	台班	0.0195	0.0222	0.0265	0.0238
	99250005	电焊机	台班	0.0527	0.0578	0.0692	0.0704
	99270060	电焊条烘干箱 600×500×750	台班	0.0044	0.0047	0.0056	0.0061
	99440460	试压泵 25MPa	台班	0.0150	0.0150	0.0200	0.0150
	99191380	滚槽机	台班				0.0605

工作内容：管道及管件安装，支架制作安装，一般钢套管制作安装，管道水压试验及水冲洗，管道及支架刷油。

定额编号				B-4-1-7	B-4-1-8	B-4-1-9	B-4-1-10
项目				钢管(沟槽连接)			
				公称直径(mm以内)			
				80	100	125	150
名称			单位	10m	10m	10m	10m
人工	00050101	综合人工 安装	工日	3.8630	5.060	5.9584	6.6177
材料	Z17010801	钢管	m	(10.1500)	(10.1500)	(10.1000)	(10.1000)
	01010421	热轧光圆钢筋(HPB300) ϕ8～14	kg	0.1580	0.1580	0.1580	0.1580
	01150103	热轧型钢 综合	kg	6.5720	7.9500	7.9500	11.2360
	01290319	热轧钢板(中厚板) δ11～20	kg	0.4900	0.4900	1.4760	1.4760
	02290801	油麻	kg	2.1150	2.1940	2.8490	3.1520
	03014692	精制六角螺栓连母垫(包括弹簧垫) M12×14～75	10套	0.1340	0.1621	0.1621	0.2291
	03018174	膨胀螺栓(钢制) M12	套	0.2165	0.2619	0.2619	0.3702
	03110212	尼龙砂轮片 ϕ100	片	0.0050	0.0060	0.0060	0.0085
	03110215	尼龙砂轮片 ϕ400	片	0.3968	0.5361	0.5159	0.4740
	03130101	电焊条	kg	0.2331	0.2820	0.2820	0.3986
	03130114	电焊条 J422 ϕ3.2	kg	0.0250	0.0290	0.0320	0.0340
	03210211	硬质合金冲击钻头 ϕ14～16	根	0.0422	0.0510	0.0510	0.0721
	13010115	酚醛调和漆	kg	0.6435	0.8216	0.9833	1.2040
	13050511	醇酸防锈漆 C53-1	kg	0.1308	0.1583	0.1583	0.2237
	13056131	酚醛防锈漆	kg	0.0350	0.0370	0.0510	0.0510
	13350901	密封油膏	kg	0.2540	0.2580	0.2730	0.6120
	14030101	汽油	kg	0.0090	0.0090	0.0130	0.0130
	14050121	油漆溶剂油	kg	0.0269	0.0340	0.0394	0.0495
	14070101	机油	kg	0.0272	0.0417	0.0423	0.0518
	14070201	润滑油	kg	0.0387	0.0736	0.0621	0.0800

（续表）

定额编号				B-4-1-7	B-4-1-8	B-4-1-9	B-4-1-10
项目				钢管(沟槽连接)			
				公称直径(mm 以内)			
				80	100	125	150
名称			单位	10m	10m	10m	10m
材料	14390101	氧气	m^3	0.2181	0.2813	0.3412	0.5943
	14390302	乙炔气	kg	0.0739	0.0953	0.1153	0.2002
	17010145	焊接钢管 DN125	m	0.3180			
	17010146	焊接钢管 DN150	m		0.3180	0.3180	
	17070175	无缝钢管 ϕ219×6	m				0.3180
	18031801-2	钢管沟槽管件 DN80	个	3.8894			
	18031801-3	钢管沟槽管件 DN100	个		6.6029		
	18031801-4	钢管沟槽管件 DN125	个			5.4270	
	18031801-5	钢管沟槽管件 DN150	个				4.9044
	18031951-2	沟槽直接头 DN80	个	1.6670			
	18031951-3	沟槽直接头 DN100	个		1.6670		
	18031951-4	沟槽直接头 DN125	个			1.6670	
	18031951-5	沟槽直接头 DN150	个				1.6670
	24110111	压力表 0～1.6MPa	套	0.0200	0.0200	0.0300	0.0300
	34090311	破布	kg	0.0060	0.0060	0.0080	0.0080
	34091101	钢丝刷	把	0.0060	0.0060	0.0080	0.0080
	34110101	水	m^3	0.8820	0.8820	2.5240	2.5240
	X0045	其他材料费	%	3.7100	3.7500	3.7200	3.7000
机械	99191380	滚槽机	台班	0.0746	0.0953	0.1086	0.1284
	99230170	砂轮切割机 ϕ400	台班	0.0265	0.0318	0.0338	0.0265
	99250005	电焊机	台班	0.0755	0.0910	0.0920	0.1292
	99270060	电焊条烘干箱 600×500×750	台班	0.0064	0.0078	0.0078	0.0110
	99440460	试压泵 25MPa	台班	0.0150	0.0200	0.0200	0.0370

工作内容： 管道及管件安装，支架制作安装，一般钢套管制作安装，管道水压试验及水冲洗，管道及支架刷油。

定额编号				B-4-1-11	B-4-1-12	B-4-1-13
项目				钢管(沟槽连接)		
				公称直径(mm 以内)		
				200	250	300
名称			单位	10m	10m	10m
人工	00050101	综合人工 安装	工日	8.2909	10.4909	11.4634
材料	Z17010801	钢管	m	(10.1000)	(10.1000)	(10.1000)
	01010421	热轧光圆钢筋(HPB300) ϕ8～14	kg	0.3160	0.3160	0.3160
	01150103	热轧型钢 综合	kg	17.5960	18.6560	19.1860
	01290319	热轧钢板(中厚板) δ11～20	kg	1.4760	2.3240	2.3240
	02290801	油麻	kg	3.2360	3.4430	3.7550
	03014692	精制六角螺栓连母垫(包括弹簧垫) M12×14～75	10套	0.3587	0.3803	0.3911
	03018174	膨胀螺栓(钢制) M12	套	0.5797	0.6146	0.6321
	03110212	尼龙砂轮片 ϕ100	片	0.0133	0.0141	0.0145
	03110215	尼龙砂轮片 ϕ400	片	0.5686	0.6912	0.7392
	03130101	电焊条	kg	0.6242	0.6618	0.6806
	03130114	电焊条 J422 ϕ3.2	kg	0.0350	0.0380	0.0400
	03210211	硬质合金冲击钻头 ϕ14～16	根	0.1129	0.1197	0.1231
	13010115	酚醛调和漆	kg	1.6112	1.9621	2.2931
	13050511	醇酸防锈漆 C53-1	kg	0.3503	0.3714	0.3819
	13056131	酚醛防锈漆	kg	0.0630	0.0750	0.0870
	13350901	密封油膏	kg	0.6350	0.6610	0.7630
	14030101	汽油	kg	0.0160	0.0190	0.0220
	14050121	油漆溶剂油	kg	0.0683	0.0809	0.0924
	14070101	机油	kg	0.0735	0.1606	0.1716
	14070201	润滑油	kg	0.0953	0.1747	0.1857
	14390101	氧气	m^3	0.8373	0.8778	0.9476
	14390302	乙炔气	kg	0.2824	0.2961	0.3195
	17070178	无缝钢管 ϕ273×7	m	0.3180		
	17070182	无缝钢管 ϕ325×8	m		0.3180	
	17070184	无缝钢管 ϕ377×10	m			0.3180
	18031801-6	钢管沟槽管件 DN200	个	4.6934		
	18031801-7	钢管沟槽管件 DN250	个		4.6331	
	18031801-8	钢管沟槽管件 DN300	个			4.6331
	18031951-6	沟槽直接头 DN200	个	1.6670		
	18031951-7	沟槽直接头 DN250	个		1.6670	
	18031951-8	沟槽直接头 DN300	个			1.6670
	24110111	压力表 0～1.6MPa	套	0.0300	0.0400	0.0400
	34090311	破布	kg	0.0100	0.0120	0.0140
	34091101	钢丝刷	把	0.0100	0.0120	0.0140
	34110101	水	m^3	2.6500	4.6500	4.6500
	X0045	其他材料费	%	3.7400	3.7800	3.7800

（续表）

定额编号				B-4-1-11	B-4-1-12	B-4-1-13
项目				钢管(沟槽连接)		
				公称直径(mm 以内)		
				200	250	300
名称			单位	10m	10m	10m
机械	99070530	载重汽车 5t	台班	0.0100	0.0200	0.0200
	99090360	汽车式起重机 8t	台班	0.0200	0.0300	0.0300
	99191380	滚槽机	台班	0.1500	0.1667	0.1680
	99230170	砂轮切割机 ϕ400	台班	0.0415	0.0440	0.0452
	99250005	电焊机	台班	0.1946	0.2070	0.1902
	99270060	电焊条烘干箱 600×500×750	台班	0.0173	0.0183	0.0188
	99440460	试压泵 25MPa	台班	0.0370	0.0600	0.0600

三、报警装置

工作内容： 湿式报警装置安装。

定额编号				B-4-1-14	B-4-1-15
项目				湿式报警装置	其他报警装置
名称			单位	组	组
人工	00050101	综合人工 安装	工日	4.4390	5.3264
材料	Z23390711	湿式报警装置	套	(1.0000)	
	Z23390811	报警终端装置	套		(1.0000)
	03014302	镀锌六角螺栓连母垫弹垫	10 套	1.8128	1.8128
	03110215	尼龙砂轮片 ϕ400	片	0.0600	0.0600
	13050201	铅油	kg	0.2660	0.2660
	17030122	镀锌焊接钢管 DN20	m	2.0000	2.0000
	17030126	镀锌焊接钢管 DN50	m	2.0000	2.0000
	18035912	镀锌弯头 DN20	个	2.0200	2.0200
	18035920	镀锌弯头 DN50	个	2.0200	2.0200
	20110314	沟槽式法兰 DN100	片	0.4000	0.4000
	20110315	沟槽式法兰 DN150	片	1.2000	1.2000
	20110316	沟槽式法兰 DN200	片	0.4000	0.4000
	X0045	其他材料费	%	4.0100	4.0100
机械	99190750	管子切断套丝机 ϕ159	台班	0.0340	0.0340
	99191380	滚槽机	台班	0.0450	0.0450

四、水流指示器

工作内容：水流指示器安装。

定额编号				B-4-1-16	B-4-1-17	B-4-1-18
项目				水流指示器（螺纹连接）	水流指示器（沟槽法兰连接）	
					100以内	100以上
名称			单位	个	个	个
人工	00050101	综合人工 安装	工日	1.1200	0.8335	1.6682
材料	Z23130118	水流指示器	只	(1.0000)	(1.0000)	(1.0000)
	03014310	镀锌六角螺栓连母垫弹垫 M16×100以内	10套		1.4008	
	03014312	镀锌六角螺栓连母垫弹垫 M20×100以内	10套			2.1424
	03110215	尼龙砂轮片 ϕ400	片	0.0868	0.0468	0.0794
	13050201	铅油	kg		0.1200	0.3160
	14070101	机油	kg	0.0072		
	18031238	钢制内接头 DN80	个	0.3030		
	18031239	钢制内接头 DN100	个	0.3030		
	18035316	镀锌外接头 DN50	个	0.0400		
	18035317	镀锌外接头 DN65	个	0.0400		
	18035318	镀锌外接头 DN80	个	0.0600		
	18035319	镀锌外接头 DN100	个	0.0600		
	18035516	镀锌内接头 DN50	个	0.2020		
	18035517	镀锌内接头 DN65	个	0.2020		
	18151216	镀锌活接头 DN50	个	0.2020		
	18151217	镀锌活接头 DN65	个	0.2020		
	18151218	镀锌活接头 DN80	个	0.3030		
	18151219	镀锌活接头 DN100	个	0.3030		
	20110311	沟槽式法兰 DN50	片		0.6000	
	20110313	沟槽式法兰 DN80	片		0.6000	
	20110314	沟槽式法兰 DN100	片		0.8000	
	20110315	沟槽式法兰 DN150	片			0.8000
	20110316	沟槽式法兰 DN200	片			1.2000
	X0045	其他材料费	%	4.0000	4.0000	4.0000
机械	99191380	滚槽机	台班		0.0270	0.0540
	99191390	电动套丝机 TQ3A	台班	0.0701		
	99230170	砂轮切割机 ϕ400	台班	0.0197		

五、消防水泵

工作内容：水泵安装，与设备连接的阀门、水过滤器、软接头、法兰、压力表等安装，设备减震台座安装，电动机检查接线，设备基础灌浆。

定额编号				B-4-1-19	B-4-1-20	B-4-1-21	B-4-1-22
项目				消防泵流量(L/s 以内)			
				10	20	30	40
名称			单位	台	台	台	台
人工	00050101	综合人工 安装	工日	21.3657	23.9137	25.5157	33.7484
材料	Z19010027-8	法兰阀门 DN80	只	(2.0000)			
	Z19010027-9	法兰阀门 DN100	只		(2.0000)		
	Z19010027-11	法兰阀门 DN150	只			(2.0000)	
	Z19010027-12	法兰阀门 DN200	只				(2.0000)
	Z19010027-38	法兰止回阀 DN80	只	(1.0000)			
	Z19010027-39	法兰止回阀 DN100	只		(1.0000)		
	Z19010027-41	法兰止回阀 DN150	只			(1.0000)	
	Z19010027-42	法兰止回阀 DN200	只				(1.0000)
	Z18210401-3	法兰式软接头 DN80	个	(2.0000)			
	Z18210401-4	法兰式软接头 DN100	个		(2.0000)		
	Z18210401-6	法兰式软接头 DN150	个			(2.0000)	
	Z18210401-7	法兰式软接头 DN200	个				(2.0000)
	Z19010027-68	Y 型过滤器 DN80	只	(1.0000)			
	Z19010027-69	Y 型过滤器 DN100	只		(1.0000)		
	Z19010027-71	Y 型过滤器 DN150	只			(1.0000)	
	Z19010027-72	Y 型过滤器 DN200	只				(1.0000)
	01130336	热轧镀锌扁钢 50～75	kg	1.6800	2.4000	2.4000	2.4000
	01290102	热轧钢板 综合	kg	1.0000	1.0000	1.0000	1.0000
	01290215	热轧钢板(薄板) δ1.6～1.9	kg	0.1600	0.1600	0.1600	0.2000
	01350502	紫铜板	kg	0.0600	0.0600	0.0600	0.1200
	02010163	橡胶板(低压) δ0.8～6	kg	0.2600	0.3400	0.5600	0.6600
	02010173	橡胶板(低中压) δ0.8～6	kg	1.1700	1.5300	2.5200	2.9700
	02070291	橡胶衬垫	kg	0.1250	0.1250	0.1250	0.1300
	02271811	细白布 宽 900	m	0.0200	0.0200	0.0200	0.0200
	24110111	压力表 0～1.6MPa	套	2.0000	2.0000	2.0000	2.0000
	03014156	六角螺栓连母垫 M16×80	套	16.4800			
	03014157	六角螺栓连母垫 M16×140	套		16.4800		
	03014166	六角螺栓连母垫 M20×100	套			16.4800	24.7200
	03014653	精制六角螺栓连母垫 M16×50～80	10 套	7.4160	7.4160		
	03014663	精制六角螺栓连母垫 M16～20×65～110	10 套			7.4160	11.1240
	03017208	半圆头镀锌螺栓连母垫 M2～5×15～50	10 套	0.4000	0.4000	0.4000	0.4000

（续表）

定　额　编　号				B-4-1-19	B-4-1-20	B-4-1-21	B-4-1-22
项　　目				消防泵流量(L/s 以内)			
				10	20	30	40
名　　称			单位	台	台	台	台
材料	03110212	尼龙砂轮片 φ100	片	0.7200	1.0550	1.5350	2.5900
	03110701	砂纸	张	0.0160	0.0160	0.0320	0.0480
	03130101	电焊条	kg	2.0150	2.4750	3.0300	6.6200
	03130111	电焊条 J422	kg	0.3260	0.3260	0.3260	0.4100
	03130114	电焊条 J422 φ3.2	kg	0.1000	0.1000	0.1000	0.1000
	03131901	焊锡	kg	0.2000	0.2000	0.2000	0.2000
	03131941	焊锡膏 50g/瓶	kg	0.0200	0.0200	0.0200	0.0200
	03152361	金属滤网	m^2	0.0650	0.0650	0.0650	0.0680
	05030236	木板板材	m^3	0.0060	0.0060	0.0060	0.0090
	13010101	调和漆	kg	0.0200	0.0200	0.0200	0.0200
	13050201	铅油	kg	0.1400	0.2000	0.2800	0.3400
	14030101	汽油	kg	0.3100	0.3100	0.6100	0.6100
	14030501	煤油	kg	1.7380	1.7380	1.7380	2.0530
	14070101	机油	kg	0.9990	1.0310	1.0590	1.2500
	14070201	润滑油	kg	0.3000	0.3000	0.6000	0.6000
	14090401	钙基润滑脂	kg	0.2320	0.2320	0.2320	0.4040
	14090611	电力复合酯 一级	kg	0.0400	0.0400	0.0600	0.0600
	14390101	氧气	m^3	0.6700	0.8000	1.0700	2.4370
	14390302	乙炔气	kg	0.2270	0.2670	0.3570	0.8100
	18252314	镀锌钢管卡子 DN32	个	2.0000	2.0000	2.0000	2.0000
	20011301	钢制法兰 DN80	片	10.0000	10.0000	10.0000	10.0000
	24111601	压力表弯管	套	2.0000	2.0000	2.0000	2.0000
	24590101	仪表接头	套	2.0000	2.0000	2.0000	2.0000
	24690401	取源部件	套	2.0000	2.0000	2.0000	2.0000
	27170211-1	黄蜡带 20×10m	卷	2.0000	2.0000	2.0000	2.0000
	27170513	自粘性橡胶绝缘胶带 20×5m	卷	0.6000	0.6000	1.0000	1.0000
	33331701	平垫铁	kg	4.5000	4.5000	4.5000	5.6250
	33331801	斜垫铁	kg	4.4640	4.4640	4.4640	5.5800
	34090311	破布	kg	0.0160	0.0160	0.0320	0.0480
	34090711	白纱带 20×20m	卷	0.2000	0.2000	0.2000	0.2000
	34130214	位号牌	个	2.0000	2.0000	2.0000	2.0000
	80210519	预拌混凝土(非泵送型) C30 粒径 5～16	m^3	0.0653	0.0653	0.0653	0.0979
	X0045	其他材料费	%	2.9200	2.8800	3.5400	3.6400
机械	98430280	标准压力发生器	台班	0.0080	0.0080	0.0080	0.0080
	98510090	铭牌打印机	台班	0.0240	0.0240	0.0240	0.0240
	99070530	载重汽车 5t	台班			0.0020	0.0020
	99070550	载重汽车 8t	台班				0.0100
	99090005	吊装机械(综合)	台班			0.0520	0.3420
	99090360	汽车式起重机 8t	台班				0.0100
	99090640	叉式起重机 5t	台班	0.3000	0.3000	0.3000	0.4000
	99250005	电焊机	台班	0.6800	0.8400	0.9800	2.1400
	99250010	交流弧焊机 21kV·A	台班	0.3000	0.3000	0.3000	0.3000
	99270060	电焊条烘干箱 600×500×750	台班	0.0450	0.0600	0.0700	0.1800
	99430200	电动空气压缩机 0.6m^3/min	台班	0.1300	0.1300	0.1300	0.1300

六、减压孔板

工作内容：减压孔板安装。

定额编号				B-4-1-23	B-4-1-24
项目				减压孔板	
				公称直径(mm 以内)	
				80	150
名称			单位	个	个
人工	00050101	综合人工 安装	工日	0.4595	0.6452
材料	Z33334901	减压孔板	个	(1.0000)	(1.0000)
	03110215	尼龙砂轮片 ϕ400	片	0.0372	0.0654
	X0045	其他材料费	%	4.0000	4.0000

七、末端试水装置

工作内容：末端试水装置安装。

定额编号				B-4-1-25
项目				末端试水装置
名称			单位	组
人工	00050101	综合人工 安装	工日	1.0970
材料	Z19050105	球阀(1.6MPa) DN32	只	(2.0200)
	02130311	聚四氟乙烯带(生料带) 宽度 20	m	2.6000
	03110215	尼龙砂轮片 ϕ400	片	0.0720
	18035120	镀锌三通 DN32	个	1.0100
	18035314	镀锌外接头 DN32	个	1.0100
	24110111	压力表 0~1.6MPa	套	1.0000
	X0045	其他材料费	%	4.0000
机械	99190750	管子切断套丝机 ϕ159	台班	0.0890

八、室内消火栓

工作内容：室内消火栓安装，支管及管件安装，支架制作安装，管道水压试验及水冲洗，管道及支架刷油。

定额编号				B-4-1-26
项目				室内消火栓
名称			单位	套
人工	00050101	综合人工 安装	工日	1.4909
材料	Z23030534	室内消火栓	套	(1.0000)
	Z17030101	镀锌焊接钢管	m	(1.5075)
	01150103	热轧型钢 综合	kg	0.6678
	01290319	热轧钢板(中厚板) δ11～20	kg	0.0735
	02130313	聚四氟乙烯带(生料带) 宽度 40	m	2.0160
	03014692	精制六角螺栓连母垫(包括弹簧垫) M12×14～75	10 套	0.0136
	03018174	膨胀螺栓(钢制) M12	套	0.0220
	03110212	尼龙砂轮片 ϕ100	片	0.0005
	03110215	尼龙砂轮片 ϕ400	片	0.0472
	03130101	电焊条	kg	0.0237
	03210211	硬质合金冲击钻头 ϕ14～16	根	0.0043
	05030102	一般木成材	m^3	0.0030
	13010115	酚醛调和漆	kg	0.0799
	13050201	铅油	kg	0.0285
	13050511	醇酸防锈漆 C53-1	kg	0.1118
	14050121	油漆溶剂油	kg	0.0107
	14070101	机油	kg	0.0015
	14390101	氧气	m^3	0.0161
	14390302	乙炔气	kg	0.0055
	18034701	镀锌钢管接头 DN65	个	0.8940
	24110111	压力表 0～1.6MPa	套	0.0030
	34110101	水	m^3	0.1323
	X0045	其他材料费	%	2.7800
机械	99190750	管子切断套丝机 ϕ159	台班	0.0333
	99191390	电动套丝机 TQ3A	台班	0.0184
	99230170	砂轮切割机 ϕ400	台班	0.0136
	99270060	电焊条烘干箱 600×500×750	台班	0.0007
	99440460	试压泵 25MPa	台班	0.0022
	99250005	电焊机	台班	0.0066

九、室外消火栓

工作内容：室外消火栓安装。

定额编号				B-4-1-27	B-4-1-28
项目				室外消火栓	
				地下式	地上式
名称			单位	套	套
人工	00050101	综合人工 安装	工日	0.6620	1.3040
材料	Z23030111	地下式消火栓	套	(1.0000)	
	Z23030211	地上式消火栓	套		(1.0000)
	03014653	精制六角螺栓连母垫 M16×50～80	10套	0.8240	0.8240
	03130101	电焊条	kg	0.1326	0.2624
	13011011	清油 C01-1	kg	0.0200	0.0260
	13050201	铅油	kg	0.1000	0.1240
	14390101	氧气	m^3	0.0942	0.2110
	14390302	乙炔气	kg	0.0312	0.0700
	18151611	镀锌管堵 DN15	只	1.0100	1.0100
	20010421	平焊钢法兰 PN1.6 DN100	副	0.3000	0.5000
	X0045	其他材料费	%	4.0100	4.0100
机械	99270060	电焊条烘干箱 600×500×750	台班	0.0042	0.0094
	99250005	电焊机	台班	0.0426	0.0944

十、消防水泵接合器

工作内容：消防水泵接合器安装。

定额编号				B-4-1-29	B-4-1-30	B-4-1-31
项目				消防水泵接合器		
				地下式	墙壁式	地上式
名称			单位	套	套	套
人工	00050101	综合人工 安装	工日	1.2282	1.6816	2.2940
材料	Z23050101	消防水泵接合器	套	(1.0000)	(1.0000)	(1.0000)
	01290215	热轧钢板(薄板) δ1.6～1.9	kg			4.0000
	02010163	橡胶板(低压) δ0.8～6	kg			0.9320
	03110215	尼龙砂轮片 ϕ400	片	0.0654	0.0654	0.0654
	02010163-1	橡胶板 δ0.8～6	kg	0.7060	0.9320	
	03014310	镀锌六角螺栓连母垫弹垫 M16×100 以内	10 套	0.6592	0.6592	0.6592
	03014312	镀锌六角螺栓连母垫弹垫 M20×100 以内	10 套	0.9888	0.9888	0.9888
	03018186	膨胀螺栓(钢制) M16	10 套		4.1200	
	03130118	电焊条 J427 ϕ3.2	kg	0.2624	0.2624	0.2624
	17030123	镀锌焊接钢管 DN25	m	0.4000	0.2000	0.2000
	19010116	螺纹截止阀 J11T-16 DN25	只	1.0100	1.0100	1.0100
	20010443	平焊钢法兰 PN1.6 DN100	片	0.8000	0.8000	0.8000
	20010445	平焊钢法兰 PN1.6 DN150	片	1.2000	1.2000	1.2000
	80210515	预拌混凝土(非泵送型) C20 粒径 5～40	m^3	0.0540	0.0240	0.0300
	X0045	其他材料费	%	4.0000	4.0000	4.0000
机械	99250005	电焊机	台班	0.0944	0.0944	0.0944

十一、灭　火　器

工作内容：灭火器就位。

定　额　编　号				B-4-1-32
项　　目				灭火器
名　　称			单位	具
人工	00050101	综合人工 安装	工日	0.0300
材料	Z23010131	灭火器	套	(1.0000)

十二、消 防 水 炮

工作内容：消防水炮安装。

定　额　编　号				B-4-1-33
项　　目				消防水炮
名　　称			单位	台
人工	00050101	综合人工 安装	工日	1.1348
材料	Z23190121	消防水炮	套	(1.0000)
	03014310	镀锌六角螺栓连母垫弹垫 M16×100 以内	10 套	1.4008
	03110215	尼龙砂轮片 ϕ400	片	0.0400
	20110311	沟槽式法兰 DN50	片	0.6000
	20110313	沟槽式法兰 DN80	片	0.6000
	20110314	沟槽式法兰 DN100	片	0.8000
	X0045	其他材料费	%	4.0100
机械	99091720	电动葫芦 单速 2t	台班	0.0500
	99191380	滚槽机	台班	0.0285

第二节　定额含量

一、水喷淋钢管

工作内容： 喷淋头安装，管道及管件安装，支架制作安装，一般钢套管制作安装，管道水压试验及水冲洗，管道及支架刷油。

定额编号			B-4-1-1	B-4-1-2
项目			喷淋配管	
			单喷淋头	上下喷淋头组
			套	组
预算定额编号	预算定额名称	预算定额单位	数量	
03-9-1-57	水灭火系统 水喷淋(雾)喷头 有吊顶 公称直径 32mm 以内	个	1.0000	2.0000
03-9-1-1	水灭火系统 水喷淋钢管 镀锌钢管(螺纹连接) 公称直径 25mm 以内	10m	0.1390	0.1400
03-9-1-2	水灭火系统 水喷淋钢管 镀锌钢管(螺纹连接) 公称直径 32mm 以内	10m	0.0800	0.1020
03-9-1-3	水灭火系统 水喷淋钢管 镀锌钢管(螺纹连接) 公称直径 40mm 以内	10m	0.0300	0.0400
03-9-1-4	水灭火系统 水喷淋钢管 镀锌钢管(螺纹连接) 公称直径 50mm 以内	10m	0.0270	0.0240
03-9-1-5	水灭火系统 水喷淋钢管 镀锌钢管(螺纹连接) 公称直径 65mm 以内	10m	0.0190	0.0060
03-9-1-37	水灭火系统 水喷淋钢管 钢管(沟槽连接) 公称直径 80mm 以内	10m	0.0200	0.0200
03-9-1-38	水灭火系统 水喷淋钢管 钢管(沟槽连接) 公称直径 100mm 以内	10m	0.0350	0.0350
03-9-1-40	水灭火系统 水喷淋钢管 钢管(沟槽连接) 公称直径 150mm 以内	10m	0.0310	0.0310

（续表）

定 额 编 号			B-4-1-1	B-4-1-2
项 目			喷淋配管	
			单喷淋头	上下喷淋头组
			套	组
预算定额编号	预算定额名称	预算定额单位	数 量	
03-9-1-41	水灭火系统 水喷淋钢管 钢管(沟槽连接) 公称直径 200mm 以内	10m	0.0020	0.0020
03-9-1-45	水灭火系统 水喷淋钢管 管件安装(沟槽管件连接) 公称直径 80mm 以内	10 个	0.0148	0.0148
03-9-1-46	水灭火系统 水喷淋钢管 管件安装(沟槽管件连接) 公称直径 100mm 以内	10 个	0.0182	0.0182
03-9-1-48	水灭火系统 水喷淋钢管 管件安装(沟槽管件连接) 公称直径 150mm 以内	10 个	0.0108	0.0108
03-9-1-49	水灭火系统 水喷淋钢管 管件安装(沟槽管件连接) 公称直径 200mm 以内	10 个	0.0007	0.0007
03-10-2-30	一般钢套管制作安装 介质管道公称直径 100mm 以内	个	0.1000	0.1000
03-9-6-1	管道支吊架制作	100kg	0.0133	0.0158
03-9-6-2	管道支吊架安装	100kg	0.0133	0.0158
03-12-1-107	金属结构刷油 一般钢结构 红丹防锈漆 第一遍	100kg	0.0133	0.0158
03-12-1-108	金属结构刷油 一般钢结构 红丹防锈漆 增一遍	100kg	0.0133	0.0158
03-12-1-116	金属结构刷油 一般钢结构 调和漆 第一遍	100kg	0.0133	0.0158
03-12-1-117	金属结构刷油 一般钢结构 调和漆 增一遍	100kg	0.0133	0.0158
03-12-1-66	管道刷油 调和漆 第一遍	$10m^2$	0.0760	0.0760
03-12-1-67	管道刷油 调和漆 增一遍	$10m^2$	0.0760	0.0760

二、消火栓钢管

工作内容： 管道及管件安装，支架制作安装，一般钢套管制作安装，管道水压试验及水冲洗，管道及支架刷油。

定　额　编　号			B-4-1-3	B-4-1-4	B-4-1-5	B-4-1-6
项　　目			镀锌钢管(螺纹连接)			钢管(沟槽连接)
			公称直径(mm 以内)			
			65	80	100	65
			10m	10m	10m	10m
预算定额编号	预算定额名称	预算定额单位	数　量			
03-9-1-28	水灭火系统 消火栓钢管 镀锌钢管(螺纹连接) 公称直径 65mm 以内	10m	1.0000			
03-9-1-29	水灭火系统 消火栓钢管 镀锌钢管(螺纹连接) 公称直径 80mm 以内	10m		1.0000		
03-9-1-30	水灭火系统 消火栓钢管 镀锌钢管(螺纹连接) 公称直径 100mm 以内	10m			1.0000	
03-9-1-36	水灭火系统 水喷淋钢管 钢管(沟槽连接) 公称直径 65mm 以内	10m				1.0000
03-10-2-28	一般钢套管制作安装 介质管道公称直径 65mm 以内	个	1.0000			1.0000
03-10-2-29	一般钢套管制作安装 介质管道公称直径 80mm 以内	个		1.0000		
03-10-2-30	一般钢套管制作安装 介质管道公称直径 100mm 以内	个			1.0000	
03-9-1-44	水灭火系统 水喷淋钢管 管件安装(沟槽管件连接) 公称直径 65mm 以内	10 个				0.4240
03-9-6-1	管道支吊架制作	100kg	0.0420	0.0450	0.0540	0.0590
03-9-6-2	管道支吊架安装	100kg	0.0420	0.0450	0.0540	0.0590
03-12-1-107	金属结构刷油 一般钢结构 红丹防锈漆 第一遍	100kg	0.0420	0.0450	0.0540	0.0590
03-12-1-108	金属结构刷油 一般钢结构 红丹防锈漆 增一遍	100kg	0.0420	0.0450	0.0540	0.0590
03-12-1-116	金属结构刷油 一般钢结构 调和漆 第一遍	100kg	0.0420	0.0450	0.0540	0.0590
03-12-1-117	金属结构刷油 一般钢结构 调和漆 增一遍	100kg	0.0420	0.0450	0.0540	0.0590
03-12-1-66	管道刷油 调和漆 第一遍	$10m^2$	0.2372	0.2780	0.3581	0.2372
03-12-1-67	管道刷油 调和漆 增一遍	$10m^2$	0.2372	0.2780	0.3581	0.2372

工作内容： 管道及管件安装，支架制作安装，一般钢套管制作安装，管道水压试验及水冲洗，管道及支架刷油。

定额编号			B-4-1-7	B-4-1-8	B-4-1-9	B-4-1-10
项目			钢管(沟槽连接)			
			公称直径(mm 以内)			
			80	100	125	150
			10m	10m	10m	10m
预算定额编号	预算定额名称	预算定额单位	数量			
03-9-1-37	水灭火系统 水喷淋钢管 钢管(沟槽连接) 公称直径 80mm 以内	10m	1.0000			
03-9-1-38	水灭火系统 水喷淋钢管 钢管(沟槽连接) 公称直径 100mm 以内	10m		1.0000		
03-9-1-39	水灭火系统 水喷淋钢管 钢管(沟槽连接) 公称直径 125mm 以内	10m			1.0000	
03-9-1-40	水灭火系统 水喷淋钢管 钢管(沟槽连接) 公称直径 150mm 以内	10m				1.0000
03-9-1-45	水灭火系统 水喷淋钢管 管件安装(沟槽管件连接) 公称直径 80mm 以内	10 个	0.3870			
03-9-1-46	水灭火系统 水喷淋钢管 管件安装(沟槽管件连接) 公称直径 100mm 以内	10 个		0.6570		
03-9-1-47	水灭火系统 水喷淋钢管 管件安装(沟槽管件连接) 公称直径 125mm 以内	10 个			0.5400	
03-9-1-48	水灭火系统 水喷淋钢管 管件安装(沟槽管件连接) 公称直径 150mm 以内	10 个				0.4880
03-10-2-29	一般钢套管制作安装 介质管道公称直径 80mm 以内	个	1.0000			
03-10-2-30	一般钢套管制作安装 介质管道公称直径 100mm 以内	个		1.0000		
03-10-2-31	一般钢套管制作安装 介质管道公称直径 125mm 以内	个			1.0000	
03-10-2-32	一般钢套管制作安装 介质管道公称直径 150mm 以内	个				1.0000
03-9-6-1	管道支吊架制作	100kg	0.0620	0.0750	0.0750	0.1060
03-9-6-2	管道支吊架安装	100kg	0.0620	0.0750	0.0750	0.1060
03-12-1-107	金属结构刷油 一般钢结构 红丹防锈漆 第一遍	100kg	0.0620	0.0750	0.0750	0.1060
03-12-1-108	金属结构刷油 一般钢结构 红丹防锈漆 增一遍	100kg	0.0620	0.0750	0.0750	0.1060
03-12-1-116	金属结构刷油 一般钢结构 调和漆 第一遍	100kg	0.0620	0.0750	0.0750	0.1060
03-12-1-117	金属结构刷油 一般钢结构 调和漆 增一遍	100kg	0.0620	0.0750	0.0750	0.1060
03-12-1-66	管道刷油 调和漆 第一遍	$10m^2$	0.2780	0.3581	0.4398	0.5278
03-12-1-67	管道刷油 调和漆 增一遍	$10m^2$	0.2780	0.3581	0.4398	0.5278

工作内容： 管道及管件安装，支架制作安装，一般钢套管制作安装，管道水压试验及水冲洗，管道及支架刷油。

定　额　编　号			B-4-1-11	B-4-1-12	B-4-1-13
项　目			钢管(沟槽连接)		
			公称直径(mm 以内)		
			200	250	300
			10m	10m	10m
预算定额编号	预算定额名称	预算定额单位	数　量		
03-9-1-41	水灭火系统 水喷淋钢管 钢管(沟槽连接) 公称直径 200mm 以内	10m	1.0000		
03-9-1-42	水灭火系统 水喷淋钢管 钢管(沟槽连接) 公称直径 250mm 以内	10m		1.0000	
03-9-1-43	水灭火系统 水喷淋钢管 钢管(沟槽连接) 公称直径 300mm 以内	10m			1.0000
03-9-1-49	水灭火系统 水喷淋钢管 管件安装(沟槽管件连接) 公称直径 200mm 以内	10 个	0.4670		
03-9-1-50	水灭火系统 水喷淋钢管 管件安装(沟槽管件连接) 公称直径 250mm 以内	10 个		0.4610	
03-9-1-51	水灭火系统 水喷淋钢管 管件安装(沟槽管件连接) 公称直径 300mm 以内	10 个			0.4610
03-10-2-33	一般钢套管制作安装 介质管道公称直径 200mm 以内	个	1.0000		
03-10-2-34	一般钢套管制作安装 介质管道公称直径 250mm 以内	个		1.0000	
03-10-2-35	一般钢套管制作安装 介质管道公称直径 300mm 以内	个			1.0000
03-9-6-1	管道支吊架制作	100kg	0.1660	0.1760	0.1810
03-9-6-2	管道支吊架安装	100kg	0.1660	0.1760	0.1810
03-12-1-107	金属结构刷油 一般钢结构 红丹防锈漆 第一遍	100kg	0.1660	0.1760	0.1810
03-12-1-108	金属结构刷油 一般钢结构 红丹防锈漆 增一遍	100kg	0.1660	0.1760	0.1810
03-12-1-116	金属结构刷油 一般钢结构 调和漆 第一遍	100kg	0.1660	0.1760	0.1810
03-12-1-117	金属结构刷油 一般钢结构 调和漆 增一遍	100kg	0.1660	0.1760	0.1810
03-12-1-66	管道刷油 调和漆 第一遍	$10m^2$	0.6880	0.8576	1.0210
03-12-1-67	管道刷油 调和漆 增一遍	$10m^2$	0.6880	0.8576	1.0210

三、报 警 装 置

工作内容： 湿式报警装置安装。

定　额　编　号			B-4-1-14	B-4-1-15
项　　目			湿式报警装置	其他报警装置
			组	组
预算定额编号	预算定额名称	预算定额单位	数　　量	
03-9-1-58	水灭火系统 湿式报警装置 公称直径 100mm 以内	组	0.2000	
03-9-1-59	水灭火系统 湿式报警装置 公称直径 150mm 以内	组	0.6000	
03-9-1-60	水灭火系统 湿式报警装置 公称直径 200mm 以内	组	0.2000	
03-9-1-61	水灭火系统 其他报警装置 公称直径 100mm 以内	组		0.2000
03-9-1-62	水灭火系统 其他报警装置 公称直径 150mm 以内	组		0.6000
03-9-1-63	水灭火系统 其他报警装置 公称直径 200mm 以内	组		0.2000

四、水 流 指 示 器

工作内容： 水流指示器安装。

定　额　编　号			B-4-1-16	B-4-1-17	B-4-1-18
项　　目			水流指示器（螺纹连接）	水流指示器(沟槽法兰连接）	
				100 以内	100 以上
			个	个	个
预算定额编号	预算定额名称	预算定额单位	数　　量		
03-9-1-64	水灭火系统 水流指示器 螺纹连接 公称直径 50mm 以内	个	0.2000		
03-9-1-65	水灭火系统 水流指示器 螺纹连接 公称直径 65mm 以内	个	0.2000		
03-9-1-66	水灭火系统 水流指示器 螺纹连接 公称直径 80mm 以内	个	0.3000		
03-9-1-67	水灭火系统 水流指示器 螺纹连接 公称直径 100mm 以内	个	0.3000		
03-9-1-73	水灭火系统 水流指示器 沟槽法兰连接 公称直径 50mm 以内	个		0.3000	
03-9-1-74	水灭火系统 水流指示器 沟槽法兰连接 公称直径 80mm 以内	个		0.3000	
03-9-1-75	水灭火系统 水流指示器 沟槽法兰连接 公称直径 100mm 以内	个		0.4000	
03-9-1-76	水灭火系统 水流指示器 沟槽法兰连接 公称直径 150mm 以内	个			0.4000
03-9-1-77	水灭火系统 水流指示器 沟槽法兰连接 公称直径 200mm 以内	个			0.6000

五、消防水泵

工作内容：水泵安装，与设备连接的阀门、水过滤器、软接头、法兰、压力表等安装，设备减震台座安装，电动机检查接线，设备基础灌浆。

定额编号			B-4-1-19	B-4-1-20	B-4-1-21	B-4-1-22
项目			消防泵流量(L/s 以内)			
			10	20	30	40
			台	台	台	台
预算定额编号	预算定额名称	预算定额单位	数量			
03-1-8-12	多级离心泵 设备重量 0.5t 以内	台	1.0000	1.0000	1.0000	
03-1-8-13	多级离心泵 设备重量 1.0t 以内	台				1.0000
03-8-7-32	低压法兰阀门 公称直径 80mm 以内	个	2.0000			
03-8-7-33	低压法兰阀门 公称直径 100mm 以内	个		2.0000		
03-8-7-35	低压法兰阀门 公称直径 150mm 以内	个			2.0000	
03-8-7-36	低压法兰阀门 公称直径 200mm 以内	个				2.0000
03-8-7-32	止回阀 公称直径 80mm 以内	个	1.0000			
03-8-7-33	止回阀 公称直径 100mm 以内	个		1.0000		
03-8-7-35	止回阀 公称直径 150mm 以内	个			1.0000	
03-8-7-36	止回阀 公称直径 200mm 以内	个				1.0000
03-10-3-439	法兰式软接头安装 公称直径 80mm 以内	个	2.0000			
03-10-3-440	法兰式软接头安装 公称直径 100mm 以内	个		2.0000		
03-10-3-442	法兰式软接头安装 公称直径 150mm 以内	个			2.0000	
03-10-3-443	法兰式软接头安装 公称直径 200mm 以内	个				2.0000

（续表）

定额编号			B-4-1-19	B-4-1-20	B-4-1-21	B-4-1-22
项目			消防泵流量(L/s以内)			
			10	20	30	40
			台	台	台	台
预算定额编号	预算定额名称	预算定额单位	数量			
03-8-7-32	Y型过滤器 公称直径80mm以内	个	1.0000			
03-8-7-33	Y型过滤器 公称直径100mm以内	个		1.0000		
03-8-7-35	Y型过滤器 公称直径150mm以内	个			1.0000	
03-8-7-36	Y型过滤器 公称直径200mm以内	个				1.0000
03-8-10-17	低压碳钢平焊法兰 电弧焊 公称直径80mm以内	副	5.0000			
03-8-10-18	低压碳钢平焊法兰 电弧焊 公称直径100mm以内	副		5.0000		
03-8-10-20	低压碳钢平焊法兰 电弧焊 公称直径150mm以内	副			5.0000	
03-8-10-21	低压碳钢平焊法兰 电弧焊 公称直径200mm以内	副				5.0000
03-6-1-37	压力表、真空表安装 就地	台(块)	2.0000	2.0000	2.0000	2.0000
03-6-1-51	压力表、真空表调试	台(块)	2.0000	2.0000	2.0000	2.0000
03-6-11-37	压力表弯安装	10套	0.2000	0.2000	0.2000	0.2000
03-1-13-80	设备减振台座 台座重量0.5t以内	座	1.0000	1.0000	1.0000	1.0000
03-4-6-14	交流电动机检查接线 30kW以内	台	1.0000			
03-4-6-15	交流电动机检查接线 55kW以内	台		1.0000		
03-4-6-16	交流电动机检查接线 100kW以内	台			1.0000	1.0000
03-1-13-69	地脚螺栓孔灌浆 一台设备的灌浆体积0.10m^3以内	m^3	0.0640	0.0640	0.0640	0.0960

六、减压孔板

工作内容：减压孔板安装。

定额编号			B-4-1-23	B-4-1-24
项目			减压孔板	
			公称直径(mm 以内)	
			80	150
			个	个
预算定额编号	预算定额名称	预算定额单位	数量	
03-9-1-83	水灭火系统 减压孔板 公称直径 50mm 以内	个	0.3000	
03-9-1-84	水灭火系统 减压孔板 公称直径 70mm 以内	个	0.3000	
03-9-1-85	水灭火系统 减压孔板 公称直径 80mm 以内	个	0.4000	
03-9-1-86	水灭火系统 减压孔板 公称直径 100mm 以内	个		0.4000
03-9-1-87	水灭火系统 减压孔板 公称直径 150mm 以内	个		0.6000

七、末端试水装置

工作内容：末端试水装置安装。

定额编号			B-4-1-25
项目			末端试水装置
			组
预算定额编号	预算定额名称	预算定额单位	数量
03-9-1-89	水灭火系统 末端试水装置 公称直径 32mm 以内	组	1.0000

八、室内消火栓

工作内容：室内消火栓安装，支管及管件安装，支架制作安装，管道水压试验及水冲洗，管道及支架刷油。

定　额　编　号			B-4-1-26
项　　目			室内消火栓
			套
预算定额编号	预算定额名称	预算定额单位	数　　量
03-9-1-91	水灭火系统 室内消火栓 公称直径 65mm 以内 单栓	套	0.4000
03-9-1-92	水灭火系统 室内消火栓 公称直径 65mm 以内 双栓	套	0.6000
03-9-1-28	水灭火系统 消火栓钢管 镀锌钢管(螺纹连接) 公称直径 65mm 以内	10m	0.1500
03-9-6-1	管道支吊架制作	100kg	0.0063
03-9-6-2	管道支吊架安装	100kg	0.0063
03-12-1-107	金属结构刷油 一般钢结构 红丹防锈漆 第一遍	100kg	0.0063
03-12-1-108	金属结构刷油 一般钢结构 红丹防锈漆 增一遍	100kg	0.0063
03-12-1-116	金属结构刷油 一般钢结构 调和漆 第一遍	100kg	0.0063
03-12-1-117	金属结构刷油 一般钢结构 调和漆 增一遍	100kg	0.0063
03-12-1-59	管道刷油 红丹防锈漆 第一遍	$10m^2$	0.0356
03-12-1-60	管道刷油 红丹防锈漆 增一遍	$10m^2$	0.0356
03-12-1-66	管道刷油 调和漆 第一遍	$10m^2$	0.0356
03-12-1-67	管道刷油 调和漆 增一遍	$10m^2$	0.0356

九、室外消火栓

工作内容：室外消火栓安装。

定　额　编　号			B-4-1-27	B-4-1-28
项　目			室外消火栓	
			地下式	地上式
			套	套
预算定额编号	预算定额名称	预算定额单位	数　量	
03-9-1-95	水灭火系统 室外地下式消火栓 1.0MPa 深 II 型	套	0.4000	
03-9-1-96	水灭火系统 室外地下式消火栓 1.6MPa 浅型	套	0.6000	
03-9-1-104	水灭火系统 室外地上式消火栓 1.6MPa 深 100 型	套		0.4000
03-9-1-106	水灭火系统 室外地上式消火栓 1.6MPa 深 150 型	套		0.6000

十、消防水泵接合器

工作内容：消防水泵接合器安装。

定　额　编　号			B-4-1-29	B-4-1-30	B-4-1-31
项　目			消防水泵接合器		
			地下式	墙壁式	地上式
			套	套	套
预算定额编号	预算定额名称	预算定额单位	数　量		
03-9-1-107	水灭火系统 消防水泵结合器地下式 DN100	套	0.4000		
03-9-1-108	水灭火系统 消防水泵结合器地下式 DN150	套	0.6000		
03-9-1-109	水灭火系统 消防水泵结合器墙壁式 DN100	套		0.4000	
03-9-1-110	水灭火系统 消防水泵结合器墙壁式 DN150	套		0.6000	
03-9-1-111	水灭火系统 消防水泵结合器地上式 DN100	套			0.4000
03-9-1-112	水灭火系统 消防水泵接合器地上式 DN150	套			0.6000

十一、灭　火　器

工作内容：灭火器就位。

定　额　编　号			B-4-1-32
项　　目			灭火器
			具
预算定额编号	预算定额名称	预算定额单位	数　　量
03-9-1-113	水灭火系统 灭火器 手提式	具	0.4000
03-9-1-114	水灭火系统 灭火器	组	0.6000

十二、消 防 水 炮

工作内容：消防水炮安装。

定　额　编　号			B-4-1-33
项　　目			消防水炮
			台
预算定额编号	预算定额名称	预算定额单位	数　　量
03-9-1-115	水灭火系统 消防水炮 进口口径50mm以内	台	0.3000
03-9-1-116	水灭火系统 消防水炮 进口口径80mm以内	台	0.3000
03-9-1-117	水灭火系统 消防水炮 进口口径100mm以内	台	0.4000

第二章　气体灭火系统

说　　明

一、本章包括无缝钢管、气体驱动装置管道、选择阀、气体喷头、贮存装置、称重检漏装置、无管网气体灭火装置。

二、本章适用于工业和民用建筑中设置的七氟丙烷、IG541、二氧化碳灭火系统中的管道、管件、系统装置及组件等的安装。

三、定额中的无缝钢管、钢制管件、选择阀安装及系统组件试验等适用于七氟丙烷、IG541 灭火系统；高压二氧化碳灭火系统执行本章定额，人工、机械乘以系数 1.20。

四、若设计或规范要求钢管需要镀锌，其镀锌费用及场外运输费用另行计算。

五、气体灭火系统管道若采用不锈钢管、铜管时，管道及管件安装执行本定额第五册《给排水、采暖、燃气及工业管道工程》第一章工业管道安装工程相关定额项目。

六、气体灭火系统装置调试，执行本册定额第四章相关定额项目。

工程量计算规则

一、管道安装，按设计图示管道中心线长度计算，以“m”为计量单位，不扣除阀门、管件及各种组件所占长度。

二、气体驱动装置管道，按设计图示管道中心线长度计算，以“m”为计量单位。

三、选择阀、喷头安装，按设计图示数量计算，以“个”为计量单位。

五、贮存装置、称重检漏装置、无管网气体灭火装置安装，按设计图示数量计算，以“套”为计量单位。

六、无管网气体灭火装置安装，按设计图示数量计算，按贮存容器容积数量，以“套”为计量单位。

第一节　定额消耗量

一、无缝钢管

工作内容：管道及管件安装，支架制作安装，管道及支架刷油。

定额编号				B-4-2-1	B-4-2-2	B-4-2-3	B-4-2-4
项目				无缝钢管(螺纹连接)			
				公称直径(mm 以内)			
				20	32	50	80
名称			单位	10m	10m	10m	10m
人工	00050101	综合人工 安装	工日	1.6427	2.1294	3.1226	3.9770
材料	Z17070110	无缝钢管	m	(10.1000)	(10.0500)	(10.0500)	(9.9500)
	01150103	热轧型钢 综合	kg	3.1800	2.5440	4.3460	4.7700
	03014692	精制六角螺栓连母垫(包括弹簧垫) M12×14～75	10 套	0.0648	0.0519	0.0886	0.0972
	03018174	膨胀螺栓(钢制) M12	套	0.1048	0.0838	0.1432	0.1571
	03110212	尼龙砂轮片 φ100	片	0.0024	0.0019	0.0033	0.0036
	03110215	尼龙砂轮片 φ400	片	0.1240	0.1692	0.2728	0.4360
	03130101	电焊条	kg	0.1128	0.0902	0.1542	0.1692
	03210211	硬质合金冲击钻头 φ14～16	根	0.0204	0.0163	0.0279	0.0306
	13010115	酚醛调和漆	kg	0.2117	0.2991	0.4565	0.6180
	13050201	铅油	kg	0.0600	0.0880	0.1700	0.3400
	13050511	醇酸防锈漆 C53-1	kg	0.2965	0.4187	0.6391	0.8651
	14030101	汽油	kg	0.1020	0.2172	0.3798	0.4817
	14050121	油漆溶剂油	kg	0.0274	0.0400	0.0607	0.0829
	14070101	机油	kg	0.0072	0.0058	0.0098	0.0108
	14330114	乙醇(酒精) 浓度 99.5%	kg	0.0710	0.0904	0.1512	0.1782
	14390101	氧气	m^3	0.0765	0.0612	0.1046	0.1148
	14390302	乙炔气	kg	0.0261	0.0209	0.0357	0.0391
	14413702	厌氧胶	瓶	0.4060	0.6424	0.8691	1.2922
	18030101-2	钢制管件 DN20	个	5.1510			
	18030101-4	钢制管件 DN32	个		5.9287		
	18030101-6	钢制管件 DN50	个			8.1608	
	18030101-8	钢制管件 DN80	个				7.4841
	X0045	其他材料费	%	3.1700	3.1600	3.2000	3.2700
机械	99190750	管子切断套丝机 φ159	台班	0.1100	0.1800	0.1900	0.2100
	99230170	砂轮切割机 φ400	台班	0.0075	0.0060	0.0103	0.0112
	99250005	电焊机	台班	0.0312	0.0250	0.0426	0.0468
	99270060	电焊条烘干箱 600×500×750	台班	0.0031	0.0025	0.0043	0.0047
	99430190	电动空气压缩机 $0.3m^3/min$	台班	0.0030	0.0050	0.0070	0.0090
	99440420	试压泵 3MPa	台班	0.0050	0.0070	0.0080	0.0100

工作内容：管道及管件安装，支架制作安装，管道及支架刷油。

定额编号				B-4-2-5	B-4-2-6
项目				无缝钢管(法兰连接)	
				公称直径(mm 以内)	
				100	150
名称			单位	10m	10m
人工	00050101	综合人工 安装	工日	7.0609	8.6123
材料	Z17070110	无缝钢管	m	(10.0000)	(10.0000)
	01150103	热轧型钢 综合	kg	5.7240	6.7840
	03014692	精制六角螺栓连母垫(包括弹簧垫) M12×14～75	10套	0.1167	0.1383
	03018174	膨胀螺栓(钢制) M12	套	0.1886	0.2235
	03110212	尼龙砂轮片 ϕ100	片	0.0043	0.0051
	03110215	尼龙砂轮片 ϕ400	片	1.9032	2.4412
	03130101	电焊条	kg	0.2030	0.2406
	03130118	电焊条 J427 ϕ3.2	kg	6.5600	12.5200
	03210211	硬质合金冲击钻头 ϕ14～16	根	0.0367	0.0435
	13010115	酚醛调和漆	kg	0.7901	1.1410
	13050511	醇酸防锈漆 C53-1	kg	1.1060	1.5970
	14050121	油漆溶剂油	kg	0.1063	0.1545
	14070101	机油	kg	0.0130	0.0154
	14390101	氧气	m^3	0.1377	0.1632
	14390302	乙炔气	kg	0.0470	0.0557
	18032219	中压碳钢对焊管件 DN100	个	3.6000	
	18032221	中压碳钢对焊管件 DN150	个		1.8800
	20010004	钢制法兰 DN100	片	7.2000	
	20010005	钢制法兰 DN150	片		3.7600
	X0045	其他材料费	%	3.2400	3.3900
机械	99230170	砂轮切割机 ϕ400	台班	0.0135	0.0160
	99250005	电焊机	台班	2.4162	2.5566
	99270060	电焊条烘干箱 600×500×750	台班	0.0056	0.0067
	99430220	电动空气压缩机 $3m^3/min$	台班	0.0100	0.0150
	99430270	电动空气压缩机 $40m^3/min$	台班	0.1000	0.1000
	99440420	试压泵 3MPa	台班	0.0100	0.2000

二、气体驱动装置管道

工作内容：气体驱动装置管道安装。

定额编号				B-4-2-7
项目				气体驱动装置管道
名称			单位	10m
人工	00050101	综合人工 安装	工日	1.3200
材料	Z17150222	紫铜管	m	(10.3000)
	03210511	开孔器	个	0.0200
	18255211	铜管卡(带螺栓)	套	15.0000
	29062581	铜质锁紧螺母	个	3.2500
	X0045	其他材料费	%	4.0000
机械	99190700	管子切断机 ϕ60	台班	0.0500

三、选 择 阀

工作内容：阀门安装。

定额编号				B-4-2-8	B-4-2-9
项目				选择阀(螺纹连接)	选择阀(法兰连接)
名称			单位	个	个
人工	00050101	综合人工 安装	工日	0.6090	1.0500
材料	Z23250201	选择阀	套	(1.0000)	(1.0000)
	03014684	精制六角螺栓连母垫 M20×80 以下	10 套		1.6480
	03110212	尼龙砂轮片 ϕ100	片		0.1840
	03110215	尼龙砂轮片 ϕ400	片	0.0447	
	03130101	电焊条	kg		0.2860
	13011011	清油 C01-1	kg		0.0400
	13050201	铅油	kg		0.2000
	14030101	汽油	kg	0.0839	
	14330114	乙醇(酒精) 浓度 99.5%	kg	0.0240	
	14413711	厌氧胶 325# 200g	瓶	0.1740	
	20010001	钢制法兰	片		1.0000
	X0045	其他材料费	%	4.0100	4.0000
机械	99230170	砂轮切割机 ϕ400	台班	0.0094	
	99250005	电焊机	台班		0.0710
	99270060	电焊条烘干箱 600×500×750	台班		0.0070

四、气体喷头

工作内容：气体喷头安装。

定额编号				B-4-2-10
项目				气体喷头
名称			单位	10个
人工	00050101	综合人工 安装	工日	2.6240
材料	Z23210101	喷头	个	(10.1000)
	02130313	聚四氟乙烯带(生料带) 宽度40	m	2.4720
	03110215	尼龙砂轮片 φ400	片	0.1740
	14030101	汽油	kg	0.1470
	14330114	乙醇(酒精) 浓度99.5%	kg	0.1120
	14413711	厌氧胶 325# 200g	瓶	0.7640
	18150111	镀锌接头零件 DN15	个	1.0100
	18150112	镀锌接头零件 DN20	个	1.0100
	18150113	镀锌接头零件 DN25	个	2.0200
	18150114	镀锌接头零件 DN32	个	2.0200
	18150115	镀锌接头零件 DN40	个	4.0400
	18151611	镀锌管堵 DN15	只	0.1000
	18151612	镀锌管堵 DN20	个	1.0100
	18151613	镀锌管堵 DN25	个	2.0200
	X0045	其他材料费	%	4.0000
机械	99230170	砂轮切割机 φ400	台班	0.0720

五、贮存装置

工作内容：贮存装置安装，气压严密性试验。

定额编号				B-4-2-11	B-4-2-12	B-4-2-13
项目				贮存装置		
				容积(L以内)		
				70	155	270
名称			单位	套	套	套
人工	00050101	综合人工 安装	工日	5.0520	9.0060	16.6100
材料	01290319	热轧钢板(中厚板) δ11～20	kg	0.2000	0.2000	0.2000
	03014681	精制六角螺栓连母垫 M8×75以下	10套	0.2500	0.2500	0.2500
	03018174	膨胀螺栓(钢制) M12	套	0.7828	0.4120	0.4120
	03130101	电焊条	kg	0.1650	0.1650	0.1650
	03210211	硬质合金冲击钻头 ϕ14～16	根	0.0800	0.0800	0.0800
	14390101	氧气	m^3	0.1410	0.1410	0.1410
	14390302	乙炔气	kg	0.0470	0.0470	0.0470
	14390501	氮气	m^3	0.0500	0.0500	0.0500
	14390512	氮气 高纯度 40L	瓶	1.2250	2.6000	4.0000
	14413711	厌氧胶 325# 200g	瓶	0.2320	0.3360	0.8000
	17070122	无缝钢管 ϕ22×2.5	m	0.0100	0.0100	0.0100
	19270118	螺纹减压阀 DN100	只	0.0400	0.0400	0.0400
	24110129	压力表 YBS～WS 25MPa	套	0.0400	0.0400	0.0400
	24110311	弹簧压力表 0～1.6MPa	套	0.0400	0.0400	0.0400
	X0045	其他材料费	%	4.0100	4.0000	4.0000
机械	99250005	电焊机	台班	0.0300	0.0300	0.0300
	99270090	组合烘箱	台班	0.0600	0.0600	0.0600

六、称重检漏装置

工作内容：二氧化碳称重检漏装置安装。

定 额 编 号				B-4-2-14
项 目				二氧化碳称重检漏装置
名 称			单位	套
人工	00050101	综合人工 安装	工日	1.4800
材料	03017212	半圆头镀锌螺栓连母垫 M6～12×22～80	10套	0.4120
	14030101	汽油	kg	0.2000
	X0045	其他材料费	%	4.0000

七、无管网气体灭火装置

工作内容：无管网气体灭火装置安装，气压严密性试验。

定 额 编 号				B-4-2-15	B-4-2-16	B-4-2-17
项 目				贮存容器容积(L以内)		
				70	150	240
名 称			单位	套	套	套
人工	00050101	综合人工 安装	工日	3.7120	7.4000	12.6800
材料	01290319	热轧钢板(中厚板) δ11～20	kg	0.2000	0.2000	0.2000
	03014681	精制六角螺栓连母垫 M8×75以下	10套	0.2500	0.2500	0.2500
	03130101	电焊条	kg	0.1650	0.1650	0.1650
	14390101	氧气	m^3	0.1410	0.1410	0.1410
	14390302	乙炔气	kg	0.0470	0.0470	0.0470
	14390501	氮气	m^3	0.0500	0.0500	0.0500
	14413711	厌氧胶 325# 200g	瓶	0.2080	0.2400	0.4000
	17070122	无缝钢管 φ22×2.5	m	0.0100	0.0100	0.0100
	19270118	螺纹减压阀 DN100	只	0.0200	0.0200	0.0200
	24110129	压力表 YBS～WS 25MPa	套	0.0400	0.0400	0.0400
	X0045	其他材料费	%	4.0000	4.0000	2.9700
机械	99090680	手动液压叉车	台班	0.5000	0.5000	0.5000
	99250005	电焊机	台班	0.0300	0.0300	0.0300
	99270090	组合烘箱	台班	0.0600	0.0600	0.0600

第二节　定额含量

一、无缝钢管

工作内容：管道及管件安装，支架制作安装，管道及支架刷油。

定额编号			B-4-2-1	B-4-2-2	B-4-2-3	B-4-2-4
项目			无缝钢管(螺纹连接)			
			公称直径(mm 以内)			
			20	32	50	80
			10m	10m	10m	10m
预算定额编号	预算定额名称	预算定额单位	数量			
03-9-2-2	气体灭火系统 无缝钢管(螺纹连接) 公称直径 20mm 以内	10m	1.0000			
03-9-2-4	气体灭火系统 无缝钢管(螺纹连接) 公称直径 32mm 以内	10m		1.0000		
03-9-2-6	气体灭火系统 无缝钢管(螺纹连接) 公称直径 50mm 以内	10m			1.0000	
03-9-2-8	气体灭火系统 无缝钢管(螺纹连接) 公称直径 80mm 以内	10m				1.0000
03-9-2-10	气体灭火系统 钢制管件(螺纹连接) 公称直径 20mm 以内	10 个	0.5100			
03-9-2-12	气体灭火系统 钢制管件(螺纹连接) 公称直径 32mm 以内	10 个		0.5870		
03-9-2-14	气体灭火系统 钢制管件(螺纹连接) 公称直径 50mm 以内	10 个			0.8080	
03-9-2-16	气体灭火系统 钢制管件(螺纹连接) 公称直径 80mm 以内	10 个				0.7410
03-9-6-1	管道支吊架制作	100kg	0.0300	0.0240	0.0410	0.0450
03-9-6-2	管道支吊架安装	100kg	0.0300	0.0240	0.0410	0.0450
03-12-1-107	金属结构刷油 一般钢结构 红丹防锈漆 第一遍	100kg	0.0300	0.0240	0.0410	0.0450
03-12-1-108	金属结构刷油 一般钢结构 红丹防锈漆 增一遍	100kg	0.0300	0.0240	0.0410	0.0450
03-12-1-116	金属结构刷油 一般钢结构 调和漆 第一遍	100kg	0.0300	0.0240	0.0410	0.0450
03-12-1-117	金属结构刷油 一般钢结构 调和漆 增一遍	100kg	0.0300	0.0240	0.0410	0.0450
03-12-1-59	管道刷油 红丹防锈漆 第一遍	$10m^2$	0.0842	0.1329	0.1995	0.2780
03-12-1-60	管道刷油 红丹防锈漆 增一遍	$10m^2$	0.0842	0.1329	0.1995	0.2780
03-12-1-66	管道刷油 调和漆 第一遍	$10m^2$	0.0842	0.1329	0.1995	0.2780
03-12-1-67	管道刷油 调和漆 增一遍	$10m^2$	0.0842	0.1329	0.1995	0.2780

工作内容：管道及管件安装，支架制作安装，管道及支架刷油。

定　额　编　号			B-4-2-5	B-4-2-6
项　　目			无缝钢管（法兰连接）	
			公称直径（mm 以内）	
			100	150
			10m	10m
预算定额编号	预算定额名称	预算定额单位	数　　量	
03-9-2-17【系】	气体灭火系统 无缝钢管（法兰连接）公称直径 100mm 以内	10m	1.0000	
03-9-2-18【系】	气体灭火系统 无缝钢管（法兰连接）公称直径 150mm 以内	10m		1.0000
03-9-6-1	管道支吊架制作	100kg	0.0540	0.0640
03-9-6-2	管道支吊架安装	100kg	0.0540	0.0640
03-12-1-107	金属结构刷油 一般钢结构 红丹防锈漆 第一遍	100kg	0.0540	0.0640
03-12-1-108	金属结构刷油 一般钢结构 红丹防锈漆 增一遍	100kg	0.0540	0.0640
03-12-1-116	金属结构刷油 一般钢结构 调和漆 第一遍	100kg	0.0540	0.0640
03-12-1-117	金属结构刷油 一般钢结构 调和漆 增一遍	100kg	0.0540	0.0640
03-12-1-59	管道刷油 红丹防锈漆 第一遍	$10m^2$	0.3581	0.5278
03-12-1-60	管道刷油 红丹防锈漆 增一遍	$10m^2$	0.3581	0.5278
03-12-1-66	管道刷油 调和漆 第一遍	$10m^2$	0.3581	0.5278
03-12-1-67	管道刷油 调和漆 增一遍	$10m^2$	0.3581	0.5278

二、气体驱动装置管道

工作内容：气体驱动装置管道安装。

定　额　编　号			B-4-2-7
项　　目			气体驱动装置管道
			10m
预算定额编号	预算定额名称	预算定额单位	数　　量
03-9-2-20	气体灭火系统 气体驱动装置管道 管外径 14mm 以内	10m	1.0000

三、选 择 阀

工作内容：阀门安装。

定 额 编 号			B-4-2-8	B-4-2-9
项　目			选择阀(螺纹连接)	选择阀(法兰连接)
			个	个
预算定额编号	预算定额名称	预算定额单位	数　量	
03-9-2-24	气体灭火系统 选择阀安装(螺纹连接) 公称直径 50mm 以内	个	0.3000	
03-9-2-25	气体灭火系统 选择阀安装(螺纹连接) 公称直径 65mm 以内	个	0.3000	
03-9-2-26	气体灭火系统 选择阀安装(螺纹连接) 公称直径 80mm 以内	个	0.4000	
03-9-2-27	气体灭火系统 选择阀安装(法兰连接) 公称直径 100mm 以内	个		1.0000

四、气 体 喷 头

工作内容：气体喷头安装。

定 额 编 号			B-4-2-10
项　目			气体喷头
			10 个
预算定额编号	预算定额名称	预算定额单位	数　量
03-9-2-28	气体灭火系统 喷头安装 公称直径 15mm 以内	10 个	0.1000
03-9-2-29	气体灭火系统 喷头安装 公称直径 20mm 以内	10 个	0.1000
03-9-2-30	气体灭火系统 喷头安装 公称直径 25mm 以内	10 个	0.2000
03-9-2-31	气体灭火系统 喷头安装 公称直径 32mm 以内	10 个	0.2000
03-9-2-32	气体灭火系统 喷头安装 公称直径 40mm 以内	10 个	0.4000

五、贮存装置

工作内容：贮存装置安装，气压严密性试验。

定额编号			B-4-2-11	B-4-2-12	B-4-2-13
项目			贮存装置		
			容积(L以内)		
			70	155	270
			套	套	套
预算定额编号	预算定额名称	预算定额单位	数量		
03-9-2-33	气体灭火系统 贮存装置安装 贮存容器规格4L	套	0.1000		
03-9-2-34	气体灭火系统 贮存装置安装 贮存容器规格40L	套	0.3000		
03-9-2-35	气体灭火系统 贮存装置安装 贮存容器规格70L	套	0.6000		
03-9-2-36	气体灭火系统 贮存装置安装 贮存容器规格90L	套		0.4000	
03-9-2-37	气体灭火系统 贮存装置安装 贮存容器规格155L	套		0.6000	
03-9-2-38	气体灭火系统 贮存装置安装 贮存容器规格270L	套			1.0000
03-9-2-46	气体灭火系统 系统组件试验 气压严密性试验	个	1.0000	1.0000	1.0000

六、称重检漏装置

工作内容：二氧化碳称重检漏装置安装。

定额编号			B-4-2-14
项目			二氧化碳称重检漏装置
			套
预算定额编号	预算定额名称	预算定额单位	数量
03-9-2-39	气体灭火系统 二氧化碳称重检漏装置	套	1.0000

七、无管网气体灭火装置

工作内容： 无管网气体灭火装置安装，气压严密性试验。

定额编号			B-4-2-15	B-4-2-16	B-4-2-17
项目			贮存容器容积(L以内)		
			70	150	240
			套	套	套
预算定额编号	预算定额名称	预算定额单位	数量		
03-9-2-40	气体灭火系统 无管网气体灭火装置 贮存容器容积 40L以内	套	0.4000		
03-9-2-41	气体灭火系统 无管网气体灭火装置 贮存容器容积 70L以内	套	0.6000		
03-9-2-42	气体灭火系统 无管网气体灭火装置 贮存容器容积 90L以内	套		0.4000	
03-9-2-43	气体灭火系统 无管网气体灭火装置 贮存容器容积 150L以内	套		0.6000	
03-9-2-44	气体灭火系统 无管网气体灭火装置 贮存容器容积 240L以内	套			1.0000
03-9-2-46	气体灭火系统 系统组件试验 气压严密性试验	个	1.0000	1.0000	1.0000

第三章　火灾自动报警系统

说　明

一、本章包括探测器、报警按钮、模块(接口)、报警控制器、联动控制器、报警联动一体机、重复显示器、警报装置、远程控制器、火灾事故广播、消防电话、报警备用电源安装与调试，以及火灾自动报警系统配管配线。

二、本章包括以下工作内容：

(一) 施工技术准备、施工机械准备、标准仪器准备、施工安全防护措施、安装位置的清理。

(二) 设备和箱、机及元件的搬运，开箱检查，清点，杂物回收，安装就位，接地，密封，箱、机内的校线、接线，挂锡，编码，测试，清洗，记录整理等。

(三) 本章定额中均包括了校线、接线和单体调试、系统调试及开通。

(四) 本章定额中箱、机是以成套装置编制的。

三、相关说明：

(一) 点型探测器安装，适用于点型探测器(感烟、感温、火焰、可燃气体、多功能)及防爆探测器(感烟、感温、多功能)。工作内容包括本体安装及调试。

(二) 模块(接口)安装，适用于控制模块(单输出、多输出)、报警接口、短路隔离器。工作内容包括本体安装及调试。

(三) 扬声器、音响、电话分机，均综合了系统调试工作内容。

(四) 火灾自动报警系统配管配线，包括主、分干线的配管、配线、金属软管及接线盒安装。

工程量计算规则

一、点型探测器，按设计图示数量计算，以“个”为计量单位。

二、红外线探测器，按设计图示数量计算，以“对”为计量单位。红外线探测器是成对使用的，在计算时一对为两只。定额工作内容包括了探测器安装和调试、对中。

三、报警按钮包括消火栓按钮、手动报警按钮、气体灭火起/停按钮，按设计图示数量计算，以“个”为计量单位。

四、模块(接口)安装和消防专用模块(模块箱)安装，按设计图示数量计算，以“个”为计量单位。

五、报警控制器安装、联动控制器、报警联动一体机安装，按设计图示数量计算，以“台”为计量单位。

六、重复显示器(楼层显示器)，按设计图示数量计算，以“台”为计量单位。

七、警报装置分为声光报警和警铃/闪灯/报警器两种形式，按设计图示数量计算，分别以“台”和“个”为计量单位。

八、远程控制器，按设计图示数量计算，以“台”为计量单位。

九、消防广播控制柜是指安装成套消防广播设备的成品机柜，按设计图示数量计算，以“台”为计量单位。

十、火灾事故广播中的功放/录音机的安装，按设计图示数量计算，以“台”为计量单位。

十一、火灾事故广播中的吸顶式扬声器和壁挂式音响，按设计图示数量计算，以“个”为计量单位。

十二、广播分配器是指单独安装的消防广播用分配器(操作盘)，按设计图示数量计算，以“台”为计量单位。

十三、消防电话系统中的电话交换机，按设计图示数量计算，以“台”为计量单位。

十四、电话分机是指消防专用电话分机，按设计图示数量计算，以“个”为计量单位。

十五、报警备用电源，按设计图示数量计算，以“台”为计量单位。

十六、火灾自动报警系统配管配线，按设计图示探测器数量计算，以“终端”为计量单位。

第一节　定额消耗量

一、探测器安装

工作内容：本体安装及调试。

定额编号				B-4-3-1	B-4-3-2	B-4-3-3
项目				点型探测器安装	红外光束(对)	报警终端电阻
名称			单位	个	对	个
人工	00050101	综合人工 安装	工日	0.3122	1.5600	0.0099
材料	Z23370341	探测器	套	(1.0000)		
	Z23370401	红外光束探测器(点型)	套		(2.0000)	
	Z23390861	报警终端电阻	套			(1.0500)
	03011120	木螺钉 M4×65 以下	10 个	0.2060	0.4120	
	03015125	沉头螺栓连母垫 M16×25	套	2.0600	4.1200	
	03018807	塑料膨胀管(尼龙胀管) M6～8	个	2.0600	4.1200	
	14390211	丙烷	kg	0.0500		
	17251701	异形塑料管	m	0.0500	0.1600	
	X0045	其他材料费	%	8.0000	8.0000	
机械	98051150	数字万用表 PF-56	台班	0.0100	0.0700	0.0100
	98530480	火灾探测器实验器 BHTS-1	台班	0.0390	0.0100	

二、报警按钮安装

工作内容：本体安装及调试。

定额编号				B-4-3-4
项目				报警按钮安装
名称			单位	个
人工	00050101	综合人工 安装	工日	0.1160
材料	Z23410201	报警按钮	个	(1.0000)
	03011120	木螺钉 M4×65 以下	10 个	0.2060
	03018807	塑料膨胀管(尼龙胀管) M6～8	个	2.0600
	17251701	异形塑料管	m	0.1300
	X0045	其他材料费	%	8.0000
机械	98051150	数字万用表 PF-56	台班	0.0700

三、模块(接口)安装

工作内容：本体安装及调试。

定额编号				B-4-3-5	B-4-3-6
项目				模块(接口)安装	消防专用模块(模块箱)安装
名称			单位	个	个
人工	00050101	综合人工 安装	工日	0.7811	0.3240
材料	Z23400101	模块(接口)	个	(1.0000)	
	03011120	木螺钉 M4×65 以下	10 个	0.2060	
	03015125	沉头螺栓连母垫 M16×25	套	2.0600	
	03018171	膨胀螺栓(钢制) M6	套		4.0800
	03018807	塑料膨胀管(尼龙胀管) M6～8	个	2.0600	
	03130111	电焊条 J422	kg		0.0450
	03210203	硬质合金冲击钻头 ϕ6～8	根		0.0400
	17251701	异形塑料管	m	0.1750	
	X0045	其他材料费	%	8.0100	1.0000
机械	98051150	数字万用表 PF-56	台班	0.1360	
	99250005	电焊机	台班		0.1500

四、报警控制器安装

工作内容：设备安装、本体调试。

定额编号				B-4-3-7	B-4-3-8	B-4-3-9
项目				报警控制器安装		
				500 点以下	2000 点以下	2000 点以上
名称			单位	台	台	台
人工	00050101	综合人工 安装	工日	9.2985	16.4358	19.8580
材料	Z23390101	报警控制器	台	(1.0000)	(1.0000)	(1.0000)
	03014221	镀锌六角螺栓连母垫 M8×120	10 套	0.1616	0.3232	0.4040
	03018172	膨胀螺栓(钢制) M8	套	2.4240	3.2320	4.0400
	17251701	异形塑料管	m	0.9710	1.7550	2.9750
	29173511	塑料线卡 ϕ15	个	18.0000	64.0000	80.0000
	34130112	塑料扁形标志牌	个	1.0000	1.0000	1.0000
	X0045	其他材料费	%	8.0100	8.0000	8.0000
机械	98030140	直流稳压稳流电源 WYK-6005	台班	1.6960	6.0260	7.3300
	98030240	交流稳压电源 JH1741/05	台班	1.6960	6.0260	7.3300
	98050580	接地电阻测试仪 3150	台班	0.1330	0.0700	0.0700
	98051150	数字万用表 PF-56	台班	3.3920	12.0520	14.6300
	98470100	自耦调压器 TDJC-S-1	台班	1.6960	6.0260	7.3300

五、联动控制器安装

工作内容： 设备安装、本体调试。

定额编号				B-4-3-10	B-4-3-11
项目				联动控制器安装	
				500 点以下	500 点以上
名称			单位	台	台
人工	00050101	综合人工 安装	工日	12.3171	14.3050
材料	Z23390201	联动控制器	台	(1.0000)	(1.0000)
	03014221	镀锌六角螺栓连母垫 M8×120	10 套	0.2020	0.2020
	03018173	膨胀螺栓(钢制) M10	套	2.0200	2.0200
	17251701	异形塑料管	m	0.7200	1.7000
	29173511	塑料线卡 ϕ15	个	20.1000	46.0000
	34130112	塑料扁形标志牌	个	1.0000	1.0000
	X0045	其他材料费	%	8.0000	8.0000
机械	98030140	直流稳压稳流电源 WYK-6005	台班	1.2520	2.2600
	98030240	交流稳压电源 JH1741/05	台班	1.2520	2.2600
	98050580	接地电阻测试仪 3150	台班	0.0700	0.0700
	98051150	数字万用表 PF-56	台班	2.5040	4.5200
	98470100	自耦调压器 TDJC-S-1	台班	1.2520	2.2600

六、报警联动一体机安装

工作内容： 设备安装、本体调试。

定额编号				B-4-3-12	B-4-3-13	B-4-3-14
项目				报警联动一体机安装		
				500 点以下	2000 点以下	2000 点以上
名称			单位	台	台	台
人工	00050101	综合人工 安装	工日	18.7870	27.0512	39.2590
材料	Z23390301	报警联动一体机	台	(1.0000)	(1.0000)	(1.0000)
	03014221	镀锌六角螺栓连母垫 M8×120	10 套	0.2020	0.2020	0.4040
	03018172	膨胀螺栓(钢制) M8	套	2.0200	2.0200	4.0400
	03210203	硬质合金冲击钻头 ϕ6～8	根	0.0500	0.0500	0.1000
	17251701	异形塑料管	m	0.6300	1.7000	4.0000
	29173511	塑料线卡 ϕ15	个	15.0000	68.8000	120.0000
	34130112	塑料扁形标志牌	个	1.0000	1.0000	1.0000
	X0045	其他材料费	%	8.0000	8.0000	8.0000
机械	98030140	直流稳压稳流电源 WYK-6005	台班	1.4000	3.7480	8.2000
	98030240	交流稳压电源 JH1741/05	台班	1.4000	3.7480	8.2000
	98050580	接地电阻测试仪 3150	台班	0.0700	0.0700	0.0700
	98051150	数字万用表 PF-56	台班	2.8000	7.4960	16.4000
	98470100	自耦调压器 TDJC-S-1	台班	1.4000	3.7480	8.2000

七、重复显示器、警报装置、远程控制器安装

工作内容：设备安装、本体调试。

定额编号				B-4-3-15	B-4-3-16	B-4-3-17	B-4-3-18
项目				重复显示器安装	警报装置安装		远程控制器安装
					声光报警	消防警铃、闪灯、报警器	
名称			单位	台	台	个	台
人工	00050101	综合人工 安装	工日	2.6560	0.4810	0.2490	3.8500
材料	Z23390501	声光报警器	台		(1.0000)		
	Z23391011	警铃	台			(1.0000)	
	Z23410401	重复显示器	套	(1.0000)			
	Z55270301	远程控制器	台				(1.0000)
	03011120	木螺钉 M4×65 以下	10 个		0.2060	0.2060	0.4120
	03018172	膨胀螺栓(钢制) M8	套	4.0400			
	03018807	塑料膨胀管(尼龙胀管) M6～8	个		2.0600	2.0600	4.1200
	03210203	硬质合金冲击钻头 ϕ6～8	根	0.1000	0.1000	0.0500	0.1300
	17251701	异形塑料管	m	0.2000	0.0500	0.0500	0.4200
	29173511	塑料线卡 ϕ15	个	7.0000			
	34130112	塑料扁形标志牌	个	1.0000	1.0000	1.0000	
	X0045	其他材料费	%	8.0000	8.0000	8.0000	8.0000
机械	98030140	直流稳压稳流电源 WYK-6005	台班	0.3000			
	98030240	交流稳压电源 JH1741/05	台班	0.3000			
	98050580	接地电阻测试仪 3150	台班	0.0700			
	98051150	数字万用表 PF-56	台班	0.6000	0.0400	0.0300	0.2020
	98260010	精密声级计 ND2	台班		0.0300	0.0200	
	98470100	自耦调压器 TDJC-S-1	台班	0.3000			

八、火灾事故广播安装

工作内容：设备安装、本体调试。

定额编号				B-4-3-19	B-4-3-20	B-4-3-21	B-4-3-22
项目				消防广播控制柜	功放/录音机	吸顶式扬声器	壁挂式音响
名称			单位	台	台	个	个
人工	00050101	综合人工 安装	工日	8.8640	0.2639	0.4086	0.3650
材料	Z23430201	消防广播控制柜	台	(1.0000)			
	Z23430501	壁挂式音箱(消防)	只				(1.0000)
	Z23430521	吸顶式扬声器(消防)	个			(1.0000)	
	02070210	橡胶垫 δ2	m^2		0.0570		
	03011120	木螺钉 M4×65 以下	10 个			0.2060	0.2060
	17251701	异形塑料管	m	1.4300		0.0500	0.0500
	03017211	半圆头镀锌螺栓连母垫 M6～12×12～50	10 套		0.4040		
	03018807	塑料膨胀管(尼龙胀管) M6～8	个			2.0600	2.0600
	03210203	硬质合金冲击钻头 ϕ6～8	根			0.0700	0.0700
	27190212	橡皮绝缘板 δ5	m^2	0.0500			
	28030216	铜芯聚氯乙烯绝缘线 BV-4mm^2	m	3.0000			
	29060902	电气塑料软管 ϕ4	m	0.1500			
	34090912	电池 5#	节			1.6000	1.6000
	X0045	其他材料费	%	8.0000	8.0100	4.5300	4.5300
机械	98051150	数字万用表 PF-56	台班	2.5000	0.1000	0.0300	0.0300
	98030140	直流稳压稳流电源 WYK-6005	台班	1.2500			
	98030240	交流稳压电源 JH1741/05	台班	1.2500			
	98050580	接地电阻测试仪 3150	台班	0.0700			0.0200
	98051000	数字万用表 34401A	台班			0.1730	0.1730
	98260010	精密声级计 ND2	台班			0.0200	
	98260050	数音显声级计 HS5633	台班			0.0800	0.0800
	98470100	自耦调压器 TDJC-S-1	台班	1.2500			

工作内容：设备安装、本体调试。

定额编号				B-4-3-23
项目				广播分配器
名称			单位	台
人工	00050101	综合人工 安装	工日	0.4810
材料	Z23430101	消防广播分配器	套	(1.0000)
	02070210	橡胶垫 δ2	m^2	0.0500
	17251701	异形塑料管	m	0.9000
	X0045	其他材料费	%	8.0000
机械	98051150	数字万用表 PF-56	台班	0.0500

九、消防电话、报警备用电源安装

工作内容：设备安装、本体调试。

定额编号				B-4-3-24	B-4-3-25	B-4-3-26	B-4-3-27
项目				电话交换机	电话分机	配线架	消防报警备用电源安装
名称			单位	台	个	台	台
人工	00050101	综合人工 安装	工日	9.3464	0.3120	2.1760	0.3980
材料	Z23430313	消防电话交换机	台	(1.0000)			
	Z23430401	消防电话机(分机)	部		(1.0000)		
	Z23452513	消防报警备用电源 30AH	个				(1.0000)
	Z30153113	配线架	台			(1.0000)	
	01130334	热轧镀锌扁钢 25～45	kg				0.3100
	02070210	橡胶垫 δ2	m^2				0.0200
	03017211	半圆头镀锌螺栓连母垫 M6～12×12～50	10套				0.4120
	03018173	膨胀螺栓(钢制) M10	套	4.0400			
	03018807	塑料膨胀管(尼龙胀管) M6～8	个		2.0600		
	03210203	硬质合金冲击钻头 ϕ6～8	根	0.1000	0.0700		
	17251701	异形塑料管	m	2.4500			
	34090912	电池 5#	节		1.6000		
	X0045	其他材料费	%	8.5100	4.4500		8.5000
机械	98050950	数字电压表 PZ38	台班	2.5380			
	98051000	数字万用表 34401A	台班		0.1730		
	98051150	数字万用表 PF-56	台班	3.7840		2.1660	0.0400
	98260050	数音显声级计 HS5633	台班		0.0800		

十、火灾自动报警系统配管配线

工作内容：配管、配线、金属软管及接线盒安装。

定额编号				B-4-3-28
项目				火灾自动报警系统配管配线
名称			单位	终端
人工	00050101	综合人工 安装	工日	0.8445
材料	Z29060031	镀锌焊接钢管(电管)	m	(11.3300)
	01030117	钢丝 ϕ1.6～2.6	kg	0.0234
	03131901	焊锡	kg	0.0260
	03131941	焊锡膏 50g/瓶	kg	0.0026
	03152513	镀锌铁丝 14#～16#	kg	0.0726
	13050201	铅油	kg	0.1100
	14030101	汽油	kg	0.1300
	27170311	黄漆布带 20×40m	卷	0.0910
	27170416	电气绝缘胶带(PVC) 18×20m	卷	0.1820
	28030101	绝缘导线 BV-2.5mm^2	m	27.0634
	29060811	金属软管	m	0.4120
	29061213	镀锌电管外接头 DN25	个	1.7622
	29062213	金属软管接头 DN25	个	1.8320
	29062553	镀锌锁紧螺母 M25	个	2.2022
	29063213	塑料护口(电管用) DN25	个	1.6522
	29110201	接线盒	个	0.3060
	29175213	镀锌地线夹 ϕ25	套	7.0466
	80060211	干混抹灰砂浆 DP M5.0	m^3	0.0001
	X0045	其他材料费	%	5.4300

第二节　定 额 含 量

一、探 测 器 安 装

工作内容：本体安装及调试。

定额编号			B-4-3-1	B-4-3-2	B-4-3-3
项目			点型探测器安装	红外光束(对)	报警终端电阻
			个	对	个
预算定额编号	预算定额名称	预算定额单位	数量		
03-9-4-1	探测器安装 点型探测器 感烟	只	0.3000		
03-9-4-2	探测器安装 点型探测器 感温	只	0.3000		
03-9-4-3	探测器安装 点型探测器 红外光束	对		1.0000	
03-9-4-4	探测器安装 点型探测器 火焰	只	0.2000		
03-9-4-5	探测器安装 点型探测器 可燃气体	只	0.1000		
03-9-4-6	探测器安装 点型探测器 多功能	只	0.1000		
03-9-4-9	探测器安装 报警终端电阻	只			1.0000

二、报警按钮安装

工作内容：本体安装及调试。

定额编号			B-4-3-4
项目			报警按钮安装
			个
预算定额编号	预算定额名称	预算定额单位	数量
03-9-4-13	报警按钮安装	个	1.0000

三、模块(接口)安装

工作内容： 本体安装及调试。

定额编号			B-4-3-5	B-4-3-6
项目			模块(接口)安装	消防专用模块(模块箱)安装
			个	个
预算定额编号	预算定额名称	预算定额单位	数量	
03-9-4-19	模块(接口)安装 控制模块(接口)单输出	只	0.3000	
03-9-4-20	模块(接口)安装 控制模块(接口)多输出	只	0.3000	
03-9-4-21	模块(接口)安装 报警接口	只	0.2000	
03-9-4-22	模块(接口)安装 短路隔离器	只	0.2000	
03-9-4-23	模块(接口)安装 消防专用模块(模块箱)安装	个		1.0000

四、报警控制器安装

工作内容： 设备安装、本体调试。

定额编号			B-4-3-7	B-4-3-8	B-4-3-9
项目			报警控制器安装		
			500点以下	2000点以下	2000点以上
			台	台	台
预算定额编号	预算定额名称	预算定额单位	数量		
03-9-4-25	报警控制器安装 壁挂式 32点以下	台	0.1000		
03-9-4-26	报警控制器安装 壁挂式 64点以下	台	0.1000		
03-9-4-27	报警控制器安装 壁挂式 200点以下	台	0.1000		
03-9-4-28	报警控制器安装 壁挂式 500点以下	台	0.3000		
03-9-4-29	报警控制器安装 壁挂式 1000点以下	台		0.2000	
03-9-4-30	报警控制器安装 壁挂式 2000点以下	台		0.3000	
03-9-4-31	报警控制器安装 壁挂式 2000点以上	台			0.5000
03-9-4-32	报警控制器安装 落地式 200点以下	台	0.1000		
03-9-4-33	报警控制器安装 落地式 500点以下	台	0.3000		
03-9-4-34	报警控制器安装 落地式 1000点以下	台		0.2000	
03-9-4-35	报警控制器安装 落地式 2000点以下	台		0.3000	
03-9-4-36	报警控制器安装 落地式 2000点以上	台			0.5000

五、联动控制器安装

工作内容：设备安装、本体调试。

定额编号			B-4-3-10	B-4-3-11
项目			联动控制器安装	
			500点以下	500点以上
			台	台
预算定额编号	预算定额名称	预算定额单位	数量	
03-9-4-37	联动控制器安装 壁挂式 100点以下	台	0.1000	
03-9-4-38	联动控制器安装 壁挂式 200点以下	台	0.1000	
03-9-4-39	联动控制器安装 壁挂式 500点以下	台	0.3000	
03-9-4-40	联动控制器安装 壁挂式 500点以上	台		0.5000
03-9-4-41	联动控制器安装 落地式 100点以下	台	0.1000	
03-9-4-42	联动控制器安装 落地式 200点以下	台	0.1000	
03-9-4-43	联动控制器安装 落地式 500点以下	台	0.3000	
03-9-4-44	联动控制器安装 落地式 500点以上	台		0.5000

六、报警联动一体机安装

工作内容：设备安装、本体调试。

定额编号			B-4-3-12	B-4-3-13	B-4-3-14
项目			报警联动一体机安装		
			500点以下	2000点以下	2000点以上
			台	台	台
预算定额编号	预算定额名称	预算定额单位	数量		
03-9-4-45	报警联动一体机安装 壁挂式 500点以下	台	0.5000		
03-9-4-46	报警联动一体机安装 壁挂式 1000点以下	台		0.2000	
03-9-4-47	报警联动一体机安装 壁挂式 2000点以下	台		0.3000	
03-9-4-48	报警联动一体机安装 壁挂式 2000点以上	台			0.5000
03-9-4-49	报警联动一体机安装 落地式 500点以下	台	0.5000		
03-9-4-50	报警联动一体机安装 落地式 1000点以下	台		0.2000	
03-9-4-51	报警联动一体机安装 落地式 2000点以下	台		0.3000	
03-9-4-52	报警联动一体机安装 落地式 2000点以上	台			0.5000

七、重复显示器、警报装置、远程控制器安装

工作内容：设备安装、本体调试。

定额编号			B-4-3-15	B-4-3-16	B-4-3-17	B-4-3-18
项目			重复显示器安装	警报装置安装		远程控制器安装
				声光报警	消防警铃、闪灯、报警器	
			台	台	个	台
预算定额编号	预算定额名称	预算定额单位	数量			
03-9-4-53	重复显示器安装	台	1.0000			
03-9-4-54	警报装置安装 声光报警	台		1.0000		
03-9-4-55	警报装置安装 警铃	只			1.0000	
03-9-4-58	远程控制器安装 3路以下	台				0.4000
03-9-4-59	远程控制器安装 5路以下	台				0.6000

八、火灾事故广播安装

工作内容：设备安装、本体调试。

定额编号			B-4-3-19	B-4-3-20	B-4-3-21	B-4-3-22
项目			消防广播控制柜	功放/录音机	吸顶式扬声器	壁挂式音响
			台	台	个	个
预算定额编号	预算定额名称	预算定额单位	数量			
03-9-4-63	火灾事故广播安装 125W功放	台		0.3000		
03-9-4-64	火灾事故广播安装 250W功放	台		0.4000		
03-9-4-65	火灾事故广播安装 录音机	台		0.3000		
03-9-4-66	火灾事故广播安装 消防广播控制柜	台	1.0000			
03-9-4-67	火灾事故广播安装 吸顶式扬声器	只			1.0000	
03-9-4-68	火灾事故广播安装 壁挂式音箱	只				1.0000
03-9-5-6	火灾事故广播、消防电话系统装置调试 广播喇叭、音箱及电话插孔	10只/个			0.1000	0.1000

工作内容：设备安装、本体调试。

定额编号			B-4-3-23
项目			广播分配器
			台
预算定额编号	预算定额名称	预算定额单位	数量
03-9-4-69	火灾事故广播安装 广播分配器	台	1.0000

九、消防电话、报警备用电源安装

工作内容：设备安装、本体调试。

定额编号			B-4-3-24	B-4-3-25	B-4-3-26	B-4-3-27
项目			电话交换机	电话分机	配线架	消防报警备用电源安装
			台	个	台	台
预算定额编号	预算定额名称	预算定额单位	数量			
03-9-4-70	消防电话设备安装 电话交换机 20门	台	0.2000			
03-9-4-71	消防电话设备安装 电话交换机 40门	台	0.2000			
03-9-4-72	消防电话设备安装 电话交换机 60门	台	0.6000			
03-9-4-73	消防电话设备安装 电话分机	部		1.0000		
03-9-4-75	消防电话设备安装 配线架 60门	台			0.2000	
03-9-4-76	消防电话设备安装 配线架 20门	台			0.2000	
03-9-4-77	消防电话设备安装 配线架 40门	台			0.6000	
03-9-4-80	消防报警备用电源安装 30AH	台				1.0000
03-9-5-6	火灾事故广播、消防电话系统装置调试 广播喇叭、音箱及电话插孔	10只/个		0.1000		

十、火灾自动报警系统配管配线

工作内容：配管、配线、金属软管及接线盒安装。

定额编号			B-4-3-28
项目			火灾自动报警系统配管配线
			终端
预算定额编号	预算定额名称	预算定额单位	数量
03-4-11-106	暗配 镀锌钢管 公称直径 25mm 以内	100m	0.1100
03-4-11-220	金属软管敷设 管径 25mm 以内 每根长 500mm 以内	10m	0.0400
03-4-11-284	管内穿线 动力线路 导线截面 $2.5mm^2$ 以内	100m单线	0.2600
03-4-11-398	暗装 灯头盒、接线盒安装	10个	0.0300

第四章　消防系统调试

说 明

一、本章包括自动报警系统调试、水灭火系统控制装置调试、防火控制系统装置调试、气体灭火系统装置调试。

二、系统调试是指消防报警和灭火系统安装完毕且联通开通,以达到国家有关消防施工验收规范、标准所进行的全系统的检测、调试和试验。

三、自动报警系统装置包括各种探测器、手动报警按钮和报警控制器;灭火系统控制装置包括消火栓、自动喷淋等固定灭火系统的控制装置。气体灭火系统装置包括卤代烷、二氧化碳等固定气体灭火系统的控制装置。

四、气体灭火系统调试试验时采取的安全措施,应按施工组织设计另行计算。

工程量计算规则

一、自动报警系统调试包括各种探测器、报警按钮、报警控制器组成的报警系统,分别不同点数,以“系统”为计量单位。

二、水灭火系统控制装置调试按照不同点数以“系统”为计量单位。

三、消防电梯与控制中心间的控制调试以“部”为计量单位。

四、防火卷帘门和电动防火门控制系统装置调试,以“处”为计量单位,每樘为 1 处。

五、正压送风阀、排烟阀、防火阀控制系统装置调试,以“处”为计量单位,1 个阀为 1 处。

六、气体灭火系统装置调试包括模拟喷气试验、备用灭火器贮存容器切换操作试验,按试验容器的规格(L),分别以“组”为计量单位。试验容器的数量包括系统调试、检测和验收所消耗的试验容器的总数,试验介质不同时可以换算。

第一节　定额消耗量

一、自动报警系统调试

工作内容： 系统调试。

定额编号				B-4-4-1	B-4-4-2	B-4-4-3	B-4-4-4
项目				自动报警系统调试(点以下)			
				128	256	500	1000
名称			单位	系统	系统	系统	系统
人工	00050101	综合人工 安装	工日	30.4490	79.1850	141.5930	238.2890
材料	14330114	乙醇(酒精) 浓度 99.5%	kg	0.3900	0.4600	0.5600	0.6000
	27170420	电气绝缘胶带(PVC) 20×50m	卷	7.2000	8.8400	10.0300	12.1900
	28030313	铜芯阻燃聚氯乙烯绝缘线 ZR-BV1.0mm^2	m	15.3200	15.3200	15.3200	15.3200
	34050301	打字机用纸	包	0.1200	0.2400	0.3200	0.4000
	34090912	电池 5#	节	10.0000	10.0000	10.0000	20.0000
	X0045	其他材料费	%	4.0000	4.0000	4.0000	4.0000
机械	98030140	直流稳压稳流电源 WYK-6005	台班	4.5000	7.5000	10.5000	15.0000
	98030240	交流稳压电源 JH1741/05	台班	4.8000	9.6000	14.4000	19.2000
	98050580	接地电阻测试仪 3150	台班	0.3200	0.3200	0.3200	0.3200
	98051000	数字万用表 34401A	台班	3.5200	7.0400	10.5600	14.0800
	98230500	数字储存打印示波器 HP-54512B	台班	3.2000	6.4000	9.9000	12.8000
	98470100	自耦调压器 TDJC-S-1	台班	3.5200	7.0400	10.5600	14.0800
	98530480	火灾探测器实验器 BHTS-1	台班	3.8000	7.6000	14.6000	27.4000

工作内容： 系统调试。

定额编号				B-4-4-5	B-4-4-6
项目				自动报警系统调试(点以下)	消防报警系统装置调试
				2000	消防电梯
名称			单位	系统	部
人工	00050101	综合人工 安装	工日	312.5310	7.1930
材料	14330114	乙醇(酒精) 浓度 99.5%	kg	0.7000	
	27170420	电气绝缘胶带(PVC) 20×50m	卷	16.8200	
	28030313	铜芯阻燃聚氯乙烯绝缘线 ZR-BV1.0mm^2	m	15.3200	
	34050301	打字机用纸	包	0.5000	
	34090912	电池 5#	节	40.0000	4.0000
	X0045	其他材料费	%	4.0000	4.0000
机械	98030140	直流稳压稳流电源 WYK-6005	台班	22.5000	
	98030240	交流稳压电源 JH1741/05	台班	24.0000	
	98050580	接地电阻测试仪 3150	台班	0.3200	
	98051000	数字万用表 34401A	台班	17.6000	1.0000
	98230500	数字储存打印示波器 HP-54512B	台班	16.0000	
	98470100	自耦调压器 TDJC-S-1	台班	17.6000	
	98530480	火灾探测器实验器 BHTS-1	台班	75.8000	

二、水灭火系统控制装置调试

工作内容： 系统调试。

定额编号				B-4-4-7	B-4-4-8	B-4-4-9
项目				水灭火控制装置调试(点以下)		水灭火控制装置调试(点以上)
				200	500	
名称			单位	系统	系统	系统
人工	00050101	综合人工 安装	工日	60.3270	197.1630	229.8800
材料	14330114	乙醇(酒精) 浓度 99.5%	kg	0.1600	0.4000	0.4800
	27170420	电气绝缘胶带(PVC) 20×50m	卷	4.4200	8.8400	10.6000
	28030313	铜芯阻燃聚氯乙烯绝缘线 ZR-BV1.0mm^2	m	15.3200	15.3200	15.3200
	X0045	其他材料费	%	4.0000	4.0000	4.0000
机械	98030140	直流稳压稳流电源 WYK-6005	台班	6.0000	7.5000	9.0000
	98030240	交流稳压电源 JH1741/05	台班	7.6800	11.5200	15.3600
	98050580	接地电阻测试仪 3150	台班	0.3200	0.3200	0.3200
	98051000	数字万用表 34401A	台班	5.1200	7.6800	10.2400
	98470100	自耦调压器 TDJC-S-1	台班	3.8400	5.7600	7.6800

三、防火控制系统装置调试

工作内容：系统调试。

定额编号				B-4-4-10	B-4-4-11	B-4-4-12
项目				防火卷帘门控制系统装置调试	电动防火门控制系统装置调试	正压送风阀、排烟阀、防火阀控制系统装置调试
名称			单位	处	处	处
人工	00050101	综合人工 安装	工日	0.5000	0.3500	0.4370
材料	25011601	信号灯泡	个	0.3000	0.4000	0.4800
	28030314	铜芯阻燃聚氯乙烯绝缘线 ZR-BV1.5mm^2	m	0.2000	0.2000	0.4070
	55410114	蓄电池 20A·h	只			0.0400
	X0045	其他材料费	%	4.0000	4.0000	4.0000
机械	98030140	直流稳压稳流电源 WYK-6005	台班	0.1600		0.1280
	98030240	交流稳压电源 JH1741/05	台班	0.1920	0.0480	0.1340
	98050550	高压绝缘电阻测试仪 3124	台班	0.0350		
	98051160	数字万用表 HP-34401A	台班	0.2560	0.3000	0.3500
	98470100	自耦调压器 TDJC-S-1	台班	0.1280	0.0480	0.0670
	98530490	火灾探测器实验器	台班	0.3000	0.3000	0.3000

四、气体灭火系统装置调试

工作内容：系统调试。

定额编号				B-4-4-13	B-4-4-14	B-4-4-15	B-4-4-16
项目				气体灭火系统装置调试			
				试验容器规格			
				40L	90L	155L	270L
名称			单位	组	组	组	组
人工	00050101	综合人工 安装	工日	3.0600	6.1200	8.5500	12.2400
材料	14330114	乙醇(酒精) 浓度 99.5%	kg	0.9000	0.9000	0.9000	0.9000
	14390521	氮气 试验介质 40L	瓶	1.0000			
	14390523	氮气 试验介质 90L	瓶		1.0000		
	14390524	氮气 试验介质 155L	瓶			1.0000	
	20330310	聚四氟乙烯垫片	片	1.0000	1.0000	1.0000	1.0000
	23290201	大膜片	片	1.0000	1.0000	1.0000	1.0000
	23290221	小膜片	片	1.0000	1.0000	1.0000	1.0000
	23290301	锥形堵块	只	1.0000	1.0000	1.0000	1.0000
	27170415	电气绝缘胶带(PVC) 18×10m	卷	2.0000	2.0000	4.0000	4.0000
	34050311	打印纸 132-1	箱	0.0600	0.0600	0.0600	0.0600
	55330101	电磁铁	块	1.0000	1.0000	1.0000	1.0000
	14390525	氮气 试验介质 270L	瓶				1.0000
	X0045	其他材料费	%	3.0000	3.0000	3.0000	3.0100
机械	98051150	数字万用表 PF-56	台班	1.0000	1.0000	1.0000	1.0000
	98470225	对讲机 一对	台班	1.0000	1.0000	1.0000	1.0000
	98530490	火灾探测器实验器	台班	1.0000	1.0000	1.0000	1.0000

第二节　定额含量

一、自动报警系统调试

工作内容： 系统调试。

定额编号			B-4-4-1	B-4-4-2	B-4-4-3	B-4-4-4
项目			自动报警系统调试(点以下)			
			128	256	500	1000
			系统	系统	系统	系统
预算定额编号	预算定额名称	预算定额单位	数量			
03-9-5-1	自动报警系统装置调试 128点以下	系统	1.0000			
03-9-5-2	自动报警系统装置调试 256点以下	系统		1.0000		
03-9-5-3	自动报警系统装置调试 500点以下	系统			1.0000	
03-9-5-4	自动报警系统装置调试 1000点以下	系统				1.0000

工作内容： 系统调试。

定额编号			B-4-4-5	B-4-4-6
项目			自动报警系统调试(点以下)	消防报警系统装置调试
			2000	消防电梯
			系统	部
预算定额编号	预算定额名称	预算定额单位	数量	
03-9-5-5	自动报警系统装置调试 2000点以下	系统	1.0000	
03-9-5-7	消防电梯报警系统装置调试 消防电梯	部		1.0000

二、水灭火系统控制装置调试

工作内容： 系统调试。

定额编号			B-4-4-7	B-4-4-8	B-4-4-9
项目			水灭火控制装置调试(点以下)		水灭火控制装置调试(点以上)
			200	500	
			系统	系统	系统
预算定额编号	预算定额名称	预算定额单位	数量		
03-9-5-8	水灭火系统控制装置调试 200点以下	系统	1.0000		
03-9-5-9	水灭火系统控制装置调试 500点以下	系统		1.0000	
03-9-5-10	水灭火系统控制装置调试 500点以上	系统			1.0000

三、防火控制系统装置调试

工作内容：系统调试。

定额编号			B-4-4-10	B-4-4-11	B-4-4-12
项目			防火卷帘门控制系统装置调试	电动防火门控制系统装置调试	正压送风阀、排烟阀、防火阀控制系统装置调试
			处	处	处
预算定额编号	预算定额名称	预算定额单位	数量		
03-9-5-11	防火卷帘门控制系统装置调试	处	1.0000		
03-9-5-12	电动防火门控制系统装置调试	处		1.0000	
03-9-5-13	正压送风阀、排烟阀、防火阀控制系统装置调试	处			1.0000

四、气体灭火系统装置调试

工作内容：系统调试。

定额编号			B-4-4-13	B-4-4-14	B-4-4-15	B-4-4-16
项目			气体灭火系统装置调试			
			试验容器规格			
			40L	90L	155L	270L
			组	组	组	组
预算定额编号	预算定额名称	预算定额单位	数量			
03-9-5-15	气体灭火系统装置调试 试验容器规格 40L	组	1.0000			
03-9-5-17	气体灭火系统装置调试 试验容器规格 90L	组		1.0000		
03-9-5-18	气体灭火系统装置调试 试验容器规格 155L	组			1.0000	
03-9-5-19	气体灭火系统装置调试 试验容器规格 270L	组				1.0000